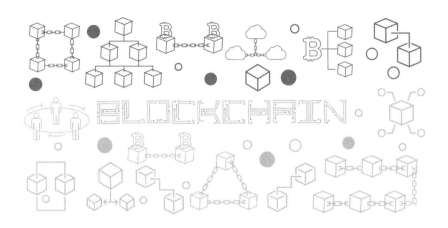

区块链
技术与应用

打造分布式商业新生态

林时伟 / 编著

机械工业出版社
CHINA MACHINE PRESS

本书分为 3 篇，共 13 章。第 1～3 章为入门篇，主要介绍了与区块链相关的理论知识，并分别讲述了区块链与 5G、人工智能、物联网等前沿技术的融合；第 4～9 章为应用篇，主要讲述了区块链的场景实战，分析区块链与社交、流媒体、共享经济、电商、金融、体育等领域的结合；第 10～13 章为运营篇，主要讲述了区块链领域的营销之道，以及区块链项目和区块链业务的相关知识，为准备入局区块链的公司或个人提供了新的思路。

本书以读者为中心，从理论、应用、运营等多个角度出发，全面阐述区块链带来的变化和商业革命，兼具实用性和可操作性，是新时代创业者和技术人才的辅助用书。

图书在版编目（CIP）数据

区块链技术与应用：打造分布式商业新生态/林时伟编著. —北京：机械工业出版社，2020.9

ISBN 978-7-111-66572-4

Ⅰ. ①区… Ⅱ. ①林… Ⅲ. ①区块链技术 Ⅳ. ①TP311.135.9

中国版本图书馆 CIP 数据核字（2020）第 179880 号

机械工业出版社（北京市百万庄大街 22 号 邮政编码 100037）

策划编辑：李晓波 责任编辑：李晓波

责任校对：张艳霞 责任印制：李 昂

北京机工印刷厂印刷

2020 年 10 月第 1 版·第 1 次印刷
169mm×239mm·12.75 印张·314 千字
0001－2000 册
标准书号：ISBN 978-7-111-66572-4
定价：79.00 元

电话服务　　　　　　　网络服务

客服电话：010-88361066　机 工 官 网：www.cmpbook.com

　　　　　010-88379833　机 工 官 博：weibo.com/cmp1952

　　　　　010-68326294　金 书 网：www.golden-book.com

封底无防伪标均为盗版　机工教育服务网：www.cmpedu.com

前　　言

在购物时，很多人已经习惯通过微信、网银、支付宝等电子支付方式进行支付。从表面上来看，这种支付方式是交易方之间的直接交易，但实际上中间还隐藏着腾讯、各大银行、阿里巴巴等第三方。第三方的作用就相当于记账员，负责将每一笔交易记录下来。

在进行交易的过程中，为什么需要第三方的参与？因为交易方之间缺乏信任，必须有一个权威性比较强的机构来做"公证"，他们才可以放心、安全地完成交易。但是有些谨慎的人可能会有疑问：如果第三方的记账系统遭到不法分子的侵害，导致数据丢失或者被篡改应该怎么办？有这样的疑问是可以理解的，毕竟即使在拥有强大信用背书的情况下，仅依赖于单一的第三方进行记账，还是会有非常大的风险的。

那么，有没有方法可以使交易方实现点对点交易？也就是说，交易方不需要通过第三方也可以完成交易和准确无误的记账，同时还能保证记账系统不被破坏，数据也不会随意泄露？在这样的需求下，中本聪提出了一项叫作"区块链"的技术。

随着时代的变革，该项技术已经越来越成熟，并广泛应用到社交、流媒体、共享经济、电商、金融、体育等诸多领域，形成了极具价值的"区块链+"模式。为了保证区块链安全、平稳地发展，相关法律法规纷纷出台，各国开始从政府层面对其进行缜密布局。

区块链前景整体趋好，这也促使很多创业者将目光转向该领域，但是他们当中的大多数都缺乏经验和理论知识储备。本书在这样的形势下应运而生，希望能对创业者在区块链领域获得成功提供一些帮助。

本书从区块链基础概述的角度开篇，然后介绍了区块链下的新商业，以及区块链与 5G、人工智能、物联网等前沿技术的融合，接下来通过案例和效果阐述区块链在各领域的应用，最后展示了区块链落地实操，向读者传授入局区块链行业、辨别区块链项目、开展 To B 业务、区块链公司生存与发展等方面的知识和技巧。

本书囊括了作者的技术积累和实践经验，并且添加了经典案例和一些图片表格。通过阅读本书，读者可以了解区块链的本质，理解区块链更深层次的内在逻辑，同时还可以感知区块链在现代社会中的强大作用和重要影响。

对于研究区块链的创业者与技术人才、对区块链感兴趣的人群、高校相关专业的师生来说，本书是一本不可多得的实战宝典，可以提升其职场竞争力，指引其走向前景广阔的未来。

编　者

目　　录

第 1 篇　入门篇

——掌握区块链理论知识

第 1 章　基础概述：区块链改变世界

目前，区块链还处于起步阶段，但是那些较早入局的公司，已经奠定了区块链开发的基础。

在未来，区块链将进入实用阶段，被应用于生活的方方面面。那么区块链到底是什么？它是如何诞生和发展的？它要通过什么样的方式改变世界？这些都是需要考虑和了解的问题。

1.1　区块链诞生：天时地利人和

2008 年，雷曼兄弟银行倒闭，金融危机在美国爆发并向全世界蔓延。在这个特殊的时期，中本聪发明了比特币，扫清了创造加密货币的最后障碍。随后，与比特币相关的"区块链"一词慢慢进入了大众的视线，并逐渐步入了一条不断成长与快速发展的道路。

如今，区块链的应用价值已经逐渐获得了社会各界的广泛认可，针对该项技术的政策也纷纷出台。此外，很多公司也认识到区块链的潜力，开始布局区块链，推动区块链的发展。在各方力量的助力下，区块链的发展环境变得越来越好。

1.1.1　区块链技术概述

区块链是一种新事物，要想了解它就要先弄清楚它的来龙去脉。本节将对区块链的演化路线、区块链技术发展趋势等方面做一个简单的论述。

对于大多数非技术人员来说，可能会认为只要知道有区块链，并会用它就可以了，没必要了解它到底是一项什么样的技术。但是，既然要学习区块链的知识，还是要简单了解一下区块链技术的基本内容，这样才能对区块链技术有更深的认识。

1．区块链技术演化路线

区块链技术的演化路线，如图 1-1 所示。

惠特菲尔德·迪菲和马丁·赫尔曼两位密码学大师在 1976 年发表了论文《密码学的新方向》，此论文对非对称加密、椭圆曲线算法、哈希算法等手段做了论述。这不仅为整个密码学指引了发展方向，也对区块链技术和比特币的诞生起到了决定性作用。

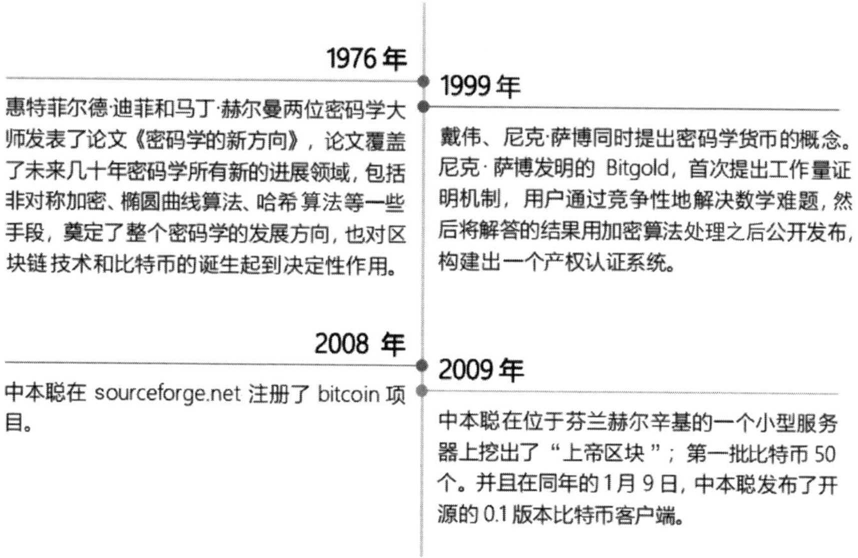

1976 年

惠特菲尔德·迪菲和马丁·赫尔曼两位密码学大师发表了论文《密码学的新方向》，论文覆盖了未来几十年密码学所有新的进展领域，包括非对称加密、椭圆曲线算法、哈希算法等一些手段，奠定了整个密码学的发展方向，也对区块链技术和比特币的诞生起到决定性作用。

1999 年

戴伟、尼克·萨博同时提出密码学货币的概念。尼克·萨博发明的 Bitgold，首次提出工作量证明机制，用户通过竞争性地解决数学难题，然后将解答的结果用加密算法处理之后公开发布，构建出一个产权认证系统。

2008 年

中本聪在 sourceforge.net 注册了 bitcoin 项目。

2009 年

中本聪在位于芬兰赫尔辛基的一个小型服务器上挖出了"上帝区块"；第一批比特币 50 个。并且在同年的 1 月 9 日，中本聪发布了开源的 0.1 版本比特币客户端。

图 1-1　区块链技术的演化路线

直到 1999 年，戴伟和尼克·萨博同时提出密码学货币的概念，这才有了密码学货币的完整思想。其中，戴伟发明的 B-Money 被称为比特币的精神先驱，尼克·萨博发明的 Bitgold，首次提出了工作量证明机制，用户通过在竞争中解决数学难题，然后将解答的结果用加密算法处理之后公开发布，构建出一个产权认证系统。

之后，在 1999—2001 年期间，先后出现了 Napster、EDonkey2000 和 BitTorrent，奠定了 P2P 网络计算的基础。另外，在 2001 年，美国国家安全局（National Security Agency，NSA）发布了 SHA-2 系列算法，其中就包括比特币最终采用的哈希算法——SHA-256 算法。

2008 年，中本聪在一个密码邮件群组中发表了《比特币：一种点对点的电子现金系统》的文章，文中首次提到了区块链的思想以及相关概念。在 2009 年，中本聪在位于芬兰赫尔辛基的一个小型服务器上挖出了"上帝区块"，这是比特币的第一个区块，也被称为创世区块（Genesis Block）。随后，区块链技术开始进入不断发展和优化阶段，之后所有的技术难题在理论和实践上都被解决了，基于区块链技术的种种深度应用也呼之欲出。

2. 区块链技术发展趋势

区块链技术的发展已经进化到第四阶段。其中，区块链技术 1.0 是以比特币为代表的区块链货币体系，截至目前它仍然是最普遍与最成功的区块链技术应用；区块链技术 2.0 则是以以太坊为代表的区块链底层操作系统，为区块链技术应用于其他衍生金融领域提供了前提；区块链技术 3.0 则以 EOS 技术为代表，致力于将区块链的应用领域扩展到金融行业之外，覆盖人们社会生活的方方面面，在各类社会活动中实现信息的自证明。区块链将进一步实现社会资金、合约、数字化资产在对应主链上的交换、交易与转移，构建一个全新的、依赖于技术的诚信价值交换体系。

而自 2018 年年中以来，随着以 InterValue 项目为代表的、基于全新架构的区块链项目的成功发布，区块链技术 4.0 时代更是呼之欲出。区块链技术 4.0 时代强调的关键要素是"互联"，InterValue 项目的目标即是构建一个通用、支撑功能完善、性能高、易于使用、用户体验好、可扩展、基于增强有向无环图的区块链技术 4.0 基础设施，打造支撑各类链上应用的区块链技术 4.0 生态系统。

InterValue 聚焦区块链基础设施和平台层核心技术，构建具备独创完全分布式匿名 P2P 网络通信协议、新型抗量子攻击密码哈希算法和签名算法，独创 HashNet 双层共识和挖矿机制，支持交易匿名保护、图灵完备智能合约等特性；采取公平分发机制，支持第三方资产发行、跨链通信、多链融合等功能；能以公有链、联盟链、私有链等形式落地到实际应用场景。InterValue 的愿景是实现价值传输网络各类关键技术，构建全球价值互联网，为各类价值传输应用提供基础网络。

在安全性能方面，到目前为止，区块链技术 4.0 最核心的创新点在于提出了 HashNet 共识协议。HashNet 共识协议试图通过"片内自治，片间协作"的方式形成一个分而治之的分布式系统，采用独创的分片算法将 HashGraph 数据结构、多签名、PoW 共识等机制有机融合，在高交易吞吐率、去中心化和安全性之间实现了完美平衡。

WGGS（Wienchain Godden Griffin Stone）孵化基石是由世界互联网生态系统基金会（WIEF）发起的，基于区块链技术的开放性与不可逆性，结合电子商务、证券、线上娱乐等行业市场现状精心打造的覆盖全球范围的泛商业信息管理系统与交易平台。它以区块链底层架构技术为基础，构建复杂的智能合约，利用 DApp 将全球的产品与服务供应商、物流企业等中间交易环节、消费者无缝连接在一起，打造区块链世界的商品信息交换与贸易系统，推动智能支付、智能合约、智能物流乃至智能生活的发展，引领全新的生活方式。

WGGS 孵化基石以"赋能新时代智能经济，推动 AIoT 科技发展"为愿景，以"诚实守序、群治群利"为宗旨，从 WGGS 孵化基石生态业务出发，向数字化世界的无限空间进行探索。在未来业务发展上，主要集中在以下三个方面。

1）首要目标：在透明和可监管的前提下，实现高并发交易。目前，商业交易双方缺乏信任，用户资产的安全保障存在隐患；另外，区块链底层公链一直备受质疑的交易速度和并发问题，也阻碍其长远发展。因此，WGGS 孵化基石将通过交易上链并引入雾计算加速的模式解决上述问题。

2）未来愿景：支持 DApp 在所有 AIoT（AIoT=AI（人工智能）+IoT（物联网），人工智能物联网）设备上运行，并能协同处理。目前，DApp 生态仍处于初级阶段，设备种类相对单一、业务流程尚待规范，还无法满足用户多样化的需求。为此，WGGS 孵化基石将开发新型底层公链，以支持底层公链在边缘设备运行，并支持多元化的资产类型。

3）价值承载：为了保证 WGGS 孵化基石的持续发展和经济价值，WGGS 孵化基石在初始阶段将以 GGS Chat DApp 为中心，并结合 WGGS 孵化基石现有的其他生态业务作为发展基石；在社区生态和技术基础发展成熟后，WGGS 孵化基石将面向全球拓展更为广泛的业务场景。

为了实现以上设计理念，WGGS 孵化基石在技术上将引入以下特性。

1）资产上链，安全为先：WGGS 孵化基石将安全作为架构设计的首要因素，并进行严格的安全审计和智能合约安全测试。

2）云雾协同：随着 5G 技术的快速发展，将大量计算由本地放到云端和边缘设备，从而大幅度加速底层公链的处理速度。

3）多元需求，生态闭环：WGGS 孵化基石将借鉴传统金融市场的业务模式，为多元化的需求提供基础设施，构建并逐步完善数字身份体系，为多样的市场参与者提供精准的需求匹配。

在未来，WGGS 孵化基石还将积极推动区块链技术与物联网技术、AI 技术等其他前沿科技的有机结合，优化网络的治理模式，让数据的价值回归本人，平衡个体意识与智能的分离问题，形成更高效、可信的协同；进而以此为基础，依托不断扩张的业务规模与用户基础，开拓更广阔的市场空间，为 WGGS 孵化基石创造更多的应用情景。

实际上，企业与个人用户对技术细节和协议并不太关注，他们只关注最终结果：服务质量、体验的好坏以及交易速度能否得到保障。而基于提升各用户和合作企业的服务体验并最终实现全球经济一体化的愿景，也是区块链技术的目标。

1.1.2　区块链与云计算、云存储

区块链是一种基于密码学的比特币底层网络框架系统，通过这种系统，网络参与者可以在不需要第三方参与的情况下进行点对点交易。区块链的提出，引起了社会的高度关注。区块链之所以被视为一项创新技术，是因为其具有很强的适应性，可以和云计算、云存储融合在一起。

1. 区块链+云计算

顾名思义，云计算就是用"云"去计算。那么"云"究竟怎么计算呢？之前，数据存储在硬盘中，人们很难随时随地查看和使用；如今，有了云计算，数据可以通过网络云端进行储存，人们在查看和使用时也更加方便、快捷。

另外，很多公司都有强烈的计算需求，这些公司往往会配备大量的服务器，但是服务器的成本高、算力低。通过"区块链+云计算"，这样的情况得到有效改善，这些公司可以在世界各地远程调用服务器，不仅比之前更加省时、省力，成本也降低了不少。

在大数据时代，公司需要对海量的数据进行采集和分析。这时，就必须利用云计算来管理和控制设备。这里所说的设备不仅包括高性能的服务器和存储器，还包括方便携带的终端，以便完成远程操作。区块链可以保证设备的安全，使记录在上面的数据不被篡改和泄露。

2. 区块链+云存储

基于区块链的云存储有两个优点。

首先，区块链具有去中心化的特性，能够建立一个去中心化的云存储系统。在该系统中，所有的数据都被自动分配到每个节点中。通过这种方

式，数据的安全性得到进一步提高，数据被盗的问题也被妥善解决。

其次，为了保护信息的安全，提高云存储的可靠性，区块链会对用户上传的文档进行加密处理，然后再将加密后的文档传到云端。当用户使用文档时，需要将文档下载并解密，整个过程虽然比较烦琐，但是十分安全。

如今，优化服务器的成本和算力、保护数据和信息的安全已经成为必然趋势，对于各类公司来说，引入区块链技术至关重要。在这个过程中，公司的主要任务就是为去中心化应用提供稳定的云计算平台和云存储系统。

1.1.3　公有链、联盟链与私有链

区块链依据其节点的分布情况可划分为公有链（Public Blockchain）、联盟链（Consortium Blockchain）、私有链（Private Blockchain）三种类型。

1）公有链的节点只需要遵守一个共同的协议便可获得区块链上的所有数据，而且不需要任何身份验证。与联盟链和私有链相比，公有链的节点被某一主体控制的难度最大。

2）联盟链主要面向某些特定的组织机构。因为这种特定性，联盟链的运行只允许一些特定的节点与区块链连接，这也就不可避免地令区块链产生了一个潜在中心。像那些以数字证书认证节点的区块链，它们的潜在中心就是 CA（Certificate Authority）中心——证书授权中心；那些以 IP 地址认证节点的区块链，它们的潜在中心就是网络管理员。只要控制区块链的潜在中心，就有可能控制整个区块链。相比于公有链，联盟链被控制的难度要低得多，中心化程度也没有那么高。

3）私有链的应用场景通常在公司的内部。从名称上看，私有链其实并不难理解，其特点之一就在于"私"——私密性。私有链只在内部环境运行而不对外开放，而且只有少数用户可以使用，所有的账本记录

和认证的访问权限也只由某一机构组织单一控制。因此，相较于公有链和联盟链，私有链不具有明显的去中心化特征，只是拥有一个天然的中心化基因。不同于公有链的广泛流行和使用，业界对私有链的存在价值存在颇多争议。有人认为私有链并无任何存在意义，因为它仅仅是一个分布式的数据库，容易被主体控制；也有人认为只要把私有链的应用建立在共识机制的基础上，它还是具有存在的意义。

1.1.4　区块链发展的新动力

与之前相比，区块链的应用范围有了大幅度扩张，政府和企业都已经认识到这一点，于是，它们开始拟定区块链在各领域的落地计划。基于此，区块链展现出了非常强大的生命力，正逐步渗透进各行各业。

1．应用范围无限扩张

在现实世界里，区块链把用户获取所有服务的渠道放到同一个网络里面，从而省去第三方平台的烦冗手续。而且，在网络中，信息交互都是通过加密算法自动完成的，这个加密算法运行在分布式运算引擎上，不会受到任何个体或组织的控制。

可以说，区块链将各种移动应用背后的复杂机制变成更完美的系统。这个系统可以帮助用户预订飞机票、车票、酒店，还可以顺便为用户推荐几首好听、热门的音乐。区块链现在似乎已经走到了爆发期，与之相关的发展和应用正扩展到各个行业，例如，社交、电商、金融等，可谓是全面覆盖了人们的生活。

随着资源和成本的投入越来越大，一些新型的区块链公司正在快速成长，这些公司不断促进着区块链的进步。与此同时，政策红利也在不断释放，区块链的发展前景将会十分广阔。

2．政府和企业积极表态

2018 年 5 月 28 日，在中国科学院第十九次院士大会、中国工程院第十四次院士大会上，区块链与人工智能、量子信息、移动通信、物联网一道成为新一代信息技术代表。

2019 年 8 月 18 日，中共中央、国务院印发《关于支持深圳建设中国特色社会主义先行示范区的意见》，意见中明确提出要支持在深圳开展数字货币研究与移动支付等创新应用。

在一系列的政策扶持下，区块链在我国迅速发展并与很多领域实现深度融合。如今，区块链正在创造更大的社会价值，并积极赋能实体经济。在我国，除了政府积极推动区块链以外，很多企业也做出了巨大贡献。例如，加大区块链的基础理论研究；加强国际与行业标准的制定，培养更多技术人才；完善区块链支撑技术体系，不断开展试点；强化数据管理机制，建立区块链风险评估体系，完善区块链相关监管框架；构建区块链产业生态，加快区块链和物联网、人工智能、5G 等前沿技术的融合。

为了实现区块链的真正落地，我国的政府和企业都在努力，并取得了非常不错的成效。

1.1.5　精英的狂欢还是"小白"的逆袭

在最开始时，区块链基本上都是由技术极客发起的。对于技术极客来说，即使区块链被推到了风口浪尖，也依然可以保持一种淡定、沉着的状态。甚至有些技术极客都不愿意通过开发区块链项目来获取投资，而只是希望这项技术可以真正改变世界。

到了今天，区块链背后依然有技术极客的身影，但是与此同时，交易所、投资机构、媒体等资源也开始入局。在对这些新入局的资源进行分析之后可以发现，他们之中的绝大多数都是无名之辈，而且都属于区块链领域中的"小白"。

当作为精英的技术极客去接近"小白"时，这些"小白"早就形成了自己的圈子，而且非常团结。实际上，有一部分"小白"并不是一点实践经验都没有，他们可能已经在互联网、数字货币、域名等领域摸爬滚打了了很多年。

在进入区块链领域之后，"小白"凭借着自己的敏锐嗅觉、勃勃野心，希望可以牢牢抓住这一新的蓝海市场。就像每一次大变革一样，冲在前面的"小白"敢想敢做、不怕失去，因此更有机会获得成功。

随着成功一同而来的还有过亿、过十亿甚至过百亿的身家，但是巨额的财富并没有为"小白"带来充分的满足感，他们依然有着强烈的奋斗决心。因此，不断逆袭的"小白"继续在区块链领域深耕，极力推动着技术的进步和发展。

不过必须承认，在各种不确定因素的影响下，区块链领域也变得有些浮躁，开始出现不好的现象。例如，信任赤字、"空气币"等。此外，由于部分参与者急功近利，尝试用高于传统投融资的成本收割区块链项目，这样的做法会对区块链领域的生态建设造成严重影响。

针对上述不好的现象，国内监管部门迅速做出反应，希望将区块链领域的发展拉回正轨。真格基金创始人徐小平也呼吁各大公司关注区块链，并强调"区块链对行业和领域的强大作用"。

在监管部门和精英的共同助力下，区块链又一次引起广泛的关注，还出现了精英和"小白"一同跑步进场的情况。于是，越来越多的互联网公司开始研究区块链，寻找该项技术与自身业务的结合点。

就现阶段而言，区块链究竟是精英的狂欢还是"小白"的逆袭，还没有一个明确的结论。不过可以肯定的是，随着区块链的不断发展，其热度会越来越高，到了那个时候，精英和"小白"都会入局，整个领域会呈现出一片繁荣的景象。

1.2　区块链发展：机遇与风险并存

读者应该听说过这种说法：区块链将变革整个社会。我们可以看重区块链带来的机遇，但是也要警惕它带来的风险。技术创新的成功经验告诉我们，只有把问题看得全面、想得透彻，并得到各界的支持，区块链的春天才可以真正到来。

1.2.1　消除商业中的旧疾与新患

区块链具有去中心化、开放、不可篡改等优势，这些优势可以使商业机制发生变革。具体来说，传统的商业机制缺乏公平性和透明性，交易双方之间存在相互不信任的现象。但是有了区块链之后，基于哈希算法的时间戳可以保证数据的安全，防止数据泄露；基于算力比较的共识原则可以保证交易信息的统一和共享。

如果将区块链的时间戳和共识原则应用到商业机制中，可以形成公正、客观的监管体系。例如，沃尔玛、IBM、京东等企业利用区块链进行商品溯源，解决交易中的商品安全和假冒伪劣等问题。下面以京东的"区块链防伪溯源平台"为例进行深入说明。

京东借助区块链搭建了"区块链防伪溯源平台"，实现线上线下的商品追溯与防伪，以此来保护品牌商与消费者的权益，净化商业环境。区块链的不可篡改和时间戳等特征可以很好地支持商品溯源与防伪，消费者只需要在京东 App 上打开自己的订单，单击"一键溯源"按钮或扫描商品上的溯源码，就可以获取商品的溯源信息。

例如，消费者在京东上购买了肉制品，那么就可以通过包装上的唯一溯源码，查询肉制品来自哪个养殖场，以及动物品种、喂养饲料、产地检疫证号、加工公司等信息，甚至还可以看到详细的配送信息。

通过"区块链防伪溯源平台"，许多非法交易和欺诈造假行为都将无所遁形。京东相关负责人表示，京东商城坚持打造质量购物生态，而区块链将成为这一生态的重要技术支撑，可以起到非常关键的作用。

区块链整合了多主体共识原则、分布式数据存储、点对点传输和加密算法等多项基础技术，适用于供应链端到端的信息管理。在"区块链防伪溯源平台"上，京东将向参与的品牌商和公司开放 4 种支持技术：

数据采集技术、数据整合技术、数据可信技术、数据展示技术。早前，京东与科尔沁牛业完成了应用试点，消费者在京东商城购买的部分科尔沁牛业商品，已经可以实现从肉牛养殖源头全程追溯的信息查询。

之后，京东会将"区块链防伪溯源平台"的使用经验逐渐导入线下场景，以此来创造可信赖商业的新风尚。当然，在京东等企业的引领下，未来还可能出现更多促进商业变革的区块链应用，国内的经济也会因此获得迅猛发展。

1.2.2　成为新的创业方向

在过去很长的一段时间，区块链的走向还不是非常明朗，国家也没有出台相关政策，国内的公司、投资者、创业者大多不重视区块链领域，所以导致该领域的发展较为滞后。但是近年来，这样的情况已经有所好转。相关资料显示，在国内，区块链领域的创业公司数量大幅上升。可见，面对区块链背后的大量创业机会，很多创业公司都将目光锁定在区块链领域。

不过即使如此，区块链公司也很难呈现裂变式增长，而是需要不断地积累和沉淀。下面就从 3 个方面解析区块链领域，阐释如何挖掘区块链背后的创业机会，如图 1-2 所示。

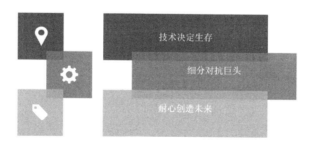

技术决定生存

细分对抗巨头

耐心创造未来

图 1-2　如何挖掘区块链背后的创业机会

1．技术决定生存

由于区块链的引入和应用成本比较高，而且必须花费很多的时间和精力才可以真正适应，这就要求区块链公司拥有过硬的技术。区块链公司只有在前期做好标杆项目，才可以吸引更多的合作伙伴。而要想打造标杆项目，就必须有技术的支持。

技术革新可以促使区块链公司开发出新的产品和服务，达成增加营收、提升影响力的目的。而且过硬的技术也是建立壁垒的核心，区块链公司只有建立起足够坚固的壁垒，才能牢牢占据市场，保证自己在未来的博弈中不被淘汰。

2. 细分对抗巨头

现在，包括百度、腾讯、阿里巴巴在内的很多巨头都已经入局区块链，但这并不意味着创业型的区块链公司会丧失机会。

首先，区块链的市场比较大，红利还没有被瓜分干净，而且缺少一个占据绝对优势地位的领导者。如此广阔的发展空间，难道还不足以让有准备的区块链公司分得一杯羹吗？

其次，不同领域对区块链的需求不同，这就需要不同类型的区块链公司去满足。巨头虽然掌握资源较多，但也很难在区块链领域一手遮天，在很多细分场景下做得不一定比小型的区块链公司好。由此可见，区块链领域的创业机会还比较多，成功的可能性也比较大。

3. 耐心创造未来

区块链公司要想赢得未来，还需要有足够的耐心。现在，国内的创业氛围比较浮躁，这主要是因为过去几年里，为了追求快速获益，绝大多数的创业公司都采用拼流量、烧钱的模式。

过去，一个原本需要 5 年时间进行开发的项目，经常会因为投资者提出的 5 倍投入而压缩为一年，这样的做法若放在区块链领域很难实现。因为基于区块链的产品和服务必须花费大量的时间去细细打磨，失去耐心只会事倍功半，甚至一无所获。

在区块链领域，无论是投资者还是创业公司都应该沉下心来，把关注点放在未来的发展趋势和市场空间上，不能因为短期的热点而使整体发展方向产生偏差。

通常情况下，从技术到产品和服务，再到商业化，区块链公司都有自己的一套规律，其所需要的发展周期也相对较长，短时间内的资源催熟未必是好事。倘若将整个节奏打乱，区块链公司的正常运营很可能会受到影响，也会使长期发展的目标难以达成。

1.2.3　数字货币容易触犯金融红线

各国发行的货币绝大部分都是由政府控制的，依照目前的经济形势，发行以区块链作为底层技术的数字货币已经成为一个普遍的趋势。从某种意义上来说，这样的做法有助于提升政府对货币供给和货币流通的控制力。

由于数字货币容易触犯金融红线，所以政府对此进行了严格的管理和控制。目前，各国政府对数字货币都有着不同的看法，有些支持，有些反对，也有些保持中立。例如，马来西亚政府对比特币等数字货币的态度就是既不接受也不阻碍。不过，大多数国家还是选择发行法定数字货币。

纸币是法定货币的原始存在形式，然而纸币具有一些明显的缺陷。尽管每张纸币都有唯一的编号，但在离开银行后，其去向很难追踪。

如果人们从银行取走现金，那便意味着无论政府如何对现金的使用与流通进行限制，依旧会有大量现金不受金融体系的掌控。政府希望能对法定货币进行有效的控制，数字货币的诞生就给政府带来了福音。发行法定数字货币可以帮助政府对公众的交易行为进行有效的监控，可以更好地掌控货币的供给和流通，从而有力打击违法交易和金融犯罪行为。

法定数字货币会对政府造成一些影响。首先，政府可能会借助数字货币的力量建立起一个去现金化的社会；其次，发行法定数字货币可以压制数字货币自身的变革；最后，法定数字货币可以成为帮助政府推行货币政策的工具，使货币政策可以被精准控制。

数字货币的诞生其实让政府面临了新的挑战。各国的央行有三种身份职能：第一种是发行货币的银行；第二种是提供清算的银行，第三种是用于保存和管理政府存款的银行。数字货币出现后，对央行身份的讨论，或者说对"自由银行制度"的讨论再度吸引了公众的视线。

在数字货币的冲击下，具备三种身份职能的央行受到了挑战，尽管如此，其地位仍然是不可动摇的。央行以国家信用作为发行货币的基础，所以信誉度会高于商业机构。另外，央行具有无限的货币创造能力，这种能力有助于维护国内金融秩序的稳定。

传统的现金流通是由央行直接负责的，因为成本和技术问题，央行最终是通过商业银行的渠道发行现金的。商业银行也是当前金融体系中不可缺少的角色。当央行发行国家法定数字货币之后，央行很可能会把货币以数字货币的形式直接发送到公众账户中，那么商业银行就失去了原本的作用。

以前，央行通常会依据当前市场的经济形势来对货币的供给做出调整，当市场发生了流动性紧缩时，央行就会借助短期货币政策工具来增加紧缩市场的流动性。但是由于绝大多数的货币政策工具不能对市场直接产生影响，而是需要通过商业银行这一中介来实现，所以有时货币政策工具的施行反而并不能得到央行想要的效果。

对于这一问题，米尔顿·弗里德曼（Milton Friedman，1976年的诺贝尔经济学奖得主）做出了"直升机撒钱"的回答。所谓"直升机撒钱"，就是指央行可以不经过商业银行就能把钱直接送到投资者与消费者的手里。这种"直升机撒钱"的方式可以对经济产生有效的刺激。

"直升机撒钱"理论似乎是一个解决办法，但并不适合当前的货币体系。汇丰银行就指出"直升机撒钱"的理论存在信用问题——公众会对央行的能力产生怀疑，实施"直升机撒钱"的理论也许会产生严重的通货膨胀现象。

　　然而，引入区块链或许有助于央行实施"直升机撒钱"理论，因为在区块链的辅助下，央行对货币供给和货币流通的控制力更强了。区块链对政府产生的影响主要以积极为主，否则央行也不可能踏入以区块链作为底层技术的数字货币领域，更不会发行国家版数字货币。

　　在区块链的帮助下，市场交易的过程更具有透明性，公众的交易方式更加便利，政府对货币供给和货币流通的控制能力得到了大幅提升。

1.2.4　挖矿成本高，受价格波动影响大

　　从定义上来看，挖矿是区块链创造新区块的过程，其本质是通过花费大量的计算资源获得比特币。在挖矿时，不仅需要极高的成本，而且还会受到价格波动的影响，具体可以从以下 3 个方面进行说明，如图 1-3 所示。

　　1　比特币挖矿机制

　　2　无论算力是多少，出块速度都不会有太大变化

　　3　比特币的价格随着市场变化，挖矿的难度随着算力变化

图 1-3　区块链的挖矿情况

1．比特币挖矿机制

　　比特币挖矿机制是由中本聪设计的，在这个机制中，10min 左右就可以出现一个新的区块。所有的计算机都试图打包该区块，而最后成功打包该区块的计算机，就可以得到一笔比特币作为报酬。在初始阶段，

打包一个区块的报酬是 50 个比特币，而现在，这个报酬已经变为 12.5 个比特币，比之前降低了不少。

比特币挖矿机制中有一个全局性的区块难度，这个难度不是永恒不变的，通常会随着出块数量的变化而变化，即每出现 2016 个区块，难度就会变化一次。

需要注意的是：在实际操作时，出现区块的时间并不一定是前面所说的 10min，有时会小于 10min，有时又会超过 10min。

因此，为了保证 10min 左右出现一个区块，比特币程序会在每出现 2016 个区块后对其难度进行检查，判断所花费的时间是否为两个星期（10min*2016=两个星期）。如果小于两个星期，难度会被调高，如果超过两个星期，难度会被调低。

2．无论算力是多少，出块速度都不会有太大变化

在中本聪的比特币挖矿机制中，挖矿进度早就已经被设置好了，出块速度也基本上保持一个比较恒定的状态（10min 左右出现一个区块）。换一个角度来说，无论参与挖矿的算力是多少，挖矿进度和出块速度都不会有太大变化。

3．比特币的价格随着市场变化，挖矿的难度随着算力变化

在比特币挖矿机制中，比特币的价格随着市场变化，挖矿的难度随着算力变化。如果市场好，比特币的价格高，参与挖矿的算力就会增多。此时，比特币程序会为了保证 10min 左右出现一个区块而提升挖矿的难度。

相应的，如果市场不好，挖矿的价格低，参与挖矿的算力就会减少。在这种情况下，比特币程序会为了保证 10min 左右出现一个区块会降低挖矿的难度。

因为挖矿的难度是在不断变化的，所以参与挖矿的算力取决于比特币的价格。具体来说，当比特币的价格比较高时，参与挖矿的算力会增

多，挖矿的难度和挖矿的成本都会提升；当比特币的价格比较低时，参与挖矿的算力会减少，挖矿的难度和挖矿的成本都会降低。

由此可见，挖矿的成本是随着比特币的价格变化的。既然挖矿的成本会发生变化，区块链就会有一定的风险。例如，挖矿的成本极高，没有参与挖矿的算力，导致新的区块无法正常出现，进而对区块链产生一定影响。

1.3　区块链三大思维

区块链利用去中心化数据存储、智能合约、共识机制等技术，构建起了一个新的模式，该模式具备三大思维：分布式思维、代码化思维、共识性思维。在三大思维的支撑下，实体经济、数字资产、社会组织等都会出现可喜的变化。

1.3.1　分布式思维：理性看待去中心化

区块链是一个分布式账本，这是对分布式思维最好的验证。这里所说的分布式账本是一个去中心化的、没有更高权威的、分布在众多计算机中的系统。从区块链的本质来说，区块链提供了一种分布式手段来担保和核实交易，从而为最终甩开中心控制者提供了机会。

在传统的交易支付流程中，存在一个中心机构，所有的节点要参与交易必须通过中心机构来达成。这里的中心机构既扮演了维护者的身份，维护交易账目正常达成且真实可靠，又扮演了特权参与者的身份，具有发行货币资产的权利。

在区块链的交易流程中，分布式账本的节点 A 直接将交易发给节点 B，所有节点一起确认并且验证交易的真实性。更新了公共总账以后，所有节点再同步一下最新的总账。在这里，维护者的身份下放至每一位参与者。分布式账本无须对账，大家只需要维护一条总账就可以，这里的总账指的是每个节点都可以看到公共账簿。

分布式账本去中心化的特点为区块链未来的发展奠定了应用基础，下面以区块链在跨境电商领域的应用为例，介绍这一特征。

跨境电商从很早之前就火了起来。随着国家政策层面的扶持加强，跨境电商成为新的行业风口。但是，当前我国的跨境电商存在一些问题。首先是外贸渠道的缺失和信任问题。外贸大环境非常复杂，对商家的要求也非常高，而国内品牌商的外贸之路因为外贸渠道的缺失和信任问题而显得迷雾重重。

其次是手续费高昂和转账周期长的问题。以传统跨境汇款方式电汇为例，汇款周期一般长达 3～5 个工作日，这期间除了中间银行会收取一定手续费外，环球银行金融电信协会(SWIFT)也会对通过其系统进行的电文交换收取较高的电信费。在我国通过中国银行进行跨境汇款时，单笔汇款的电信费为 150 元。

再者，订单碎片化也是跨境电商面临的一大挑战。在全球金融危机爆发后，我国外贸市场发生显著变化，短期订单、中小订单逐渐代替长期订单、大订单。可以说，市场体量庞大、订单碎片化已成为外贸新常态。

最后，在线贸易的刚性需求及交易频次提高的同时利润下降是跨境电商面临的另一个挑战。在这种情况下，外贸制造商必须全面转型，从简单的生产制造商进化为贸易综合服务商，以适应全球市场的竞争。

支付不仅是供应链系统的引擎，也是跨境电商的重要环节，其支付模式直接决定跨境电商的生命线。我国国内的第三方支付系统比较发达，但是在国外就不一样了。为了解决跨境电商发展中的难题，关于区块链支付的讨论应运而生。可以说，区块链支付为跨境电商提供了近乎完美的支付解决方案。

区块链分布式账本的去中心化创新使用户在跨境汇款中以更低的费用和更快的速度完成跨境转账，市场空间非常大。

传统的跨境支付方式具有清算时间长、手续费高、容易出现支付诈骗行为的劣势，跨境资金风险较大。区块链打造的 P2P 支付具有去中心化的特征，不但可以全天候支付、瞬间到账，还能降低隐性成本，有利于降低跨境电商资金风险及满足跨境电商对支付清算服务的便捷性需求。

下面看一下区块链支付为跨境电商提供的解决方案。区块链分布式账本构成一个去中心的全球结汇系统。这个系统的核心机制包括两方面内容。

一是引入网关系统，解决陌生人之间转账汇款的信任问题。一般来说，银行、第三方机构等具有公信力的主体都可以担任网关。用户与网关之间的关系在整个系统中反映为一种债权债务关系，即如果用户 A 需要通过区块链钱包汇款给用户 B，则其间的网关就与 A 生成了债务，与 B 生成了债权，通过将该网关对 B 的债权转为 A 对 B 的债权并进行清算，继而反映在双方余额变化上就完成了交易。

A 与 B 之间的债权债务关系利用区块链的分布式账本储存在若干个服务器上，服务器之间以 P2P 的方式进行通信以避免中心化服务器所带来的各种风险。

二是根据共识选择用于结算的数字货币，如比特币、莱特币等。数字货币的作用是维护系统正常运行，防止恶意攻击者大量制造垃圾账目蓄意破坏。因此，区块链钱包要求每个网关都必须持有一定限额的数字货币量，并且每进行一次交易都需要提供一定量的数字货币，就像传统的交易每次都要交手续费一样。

在区块链打造的跨境结算方式中，银行也可以参与进来。银行不需要提供技术支持和底层协议，只需要指定特定的数字货币来履行这一职责就可以。这种模式将会替代传统成本高昂的 SWIFT 技术，从而帮助传统银行以更低的成本、更快的速度来进行跨境清算和汇款。

当然银行还可以选择覆盖更多的支付场景和数字币种，就像淘宝和京东为用户提供多样的结算方式一样。总而言之，基于分布式账本技术，区块链将会帮助跨境支付解决现存问题，增强跨境电商参与方的体验。

1.3.2 代码化思维：让合作更加透明

借助代码化思维，区块链可以自动执行一些预先设定好的规则和条款。例如，基于用户真实的信息进行自动理赔的医疗保险。为什么区块链会有代码化思维？一切都要从智能合约说起。在很多专家看来，区块链与智能合约是相辅相成的，只要提到区块链，就不得不提到智能合约。

1994 年，计算机科学家、密码学大师尼克·萨博首次提出了智能合约，并给出了具体的定义——"一个智能合约是一套以数字形式定义的承诺，包括合约参与方可以在上面执行这些承诺的协议。"那么，这个定义应该怎样理解呢？

在理解这个定义之前，有必要知道比特币区块链中的转账。假设 Alice 想把 100 个比特币转给 Bob，那么在比特币区块链系统中就会有这样的记录，如图 1-4 所示。

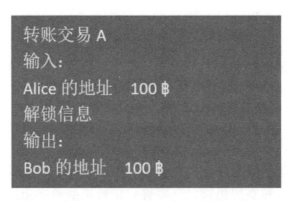

图 1-4　比特币区块链系统中的转账记录

从本质上来看，这个转账记录就是一个合同，其中明确规定了 Alice 要给 Bob 转 100 个比特币。不过，需要注意的是：图 1-4 中有一个"解锁信息"，这个"解锁信息"是 Alice 证明自己身份时需要提交的一个信息。

非常明显，在比特币区块链系统当中，纯 UTXO（Unspent

Transaction Output，未花费的交易输出）模式的合同并不能起到太大的作用，这一点可以从以下两个方面进行说明：

比特币是一个独立运行的封闭系统，其转账脚本没有提供与外界进行交互的界面。因此，在转账脚本提交到区块链以前，所有的解锁信息都必须被规定好，而且还要按照固定的方式运行。对于合同而言，这根本就是与实际应用不相符的。

在实际生活中，一个完整的合同需要严格按照流程来制定和执行，如图 1-5 所示。

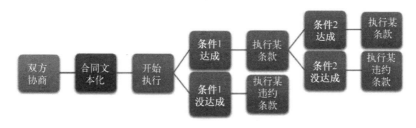

图 1-5　实际生活中合同的制定和执行

一般来讲，图 1-5 中的条件达成应该是一个外部输入事件，也就是说，实际生活中的合同基本上都是"事件促使"型的。但是，区块链上的数据根本无法判断"事件"是不是已经发生，而要想真正判断出来的话，就必须通过链外输入数据的方式。下面以电子商务为例对此进行详细说明：

小张在某电子商务平台上购买了一台笔记本计算机，当他提交订单的那一刻，实际上就已经生成了一个合同。这个合同包括小张需要在多长时间内将货款支付到第三方平台上（事件 1），然后卖家收到第三方平台的发货通知后需要为小张发货，当小张收到货物且检查无误后需要单击"确认收货"（事件 2）。至此，如果不考虑售后的话，那么整个合同就算是正式完成。

在执行这个合同的过程中，由于事件 1 是一个高度虚拟化的金融活动，因此，可以在智能合约的助力下自动触发。然而，事件 2 却是一个发生在现实世界中的活动，必须有单击"确认收货"的动作才可以同步到虚拟世界中。在这种情况下，单击"确认收货"便成了虚拟世界中的事件？

由此来看，对于电商平台的合同而言，事件 1 其实就是小张是否将货款转账到了第三方平台上，事件 2 则是小张有没有完成单击"确认收货"的动作。值得注意的是：在这个合同当中，"确认收货"是与外部交互的一个关键界面，必须引起足够的重视。

实际上，随着区块链的不断发展，智能合约也变得越来越普及。于是，在面对潜在的纠纷时，人们不再需要去亲自解决，一切决定都可以交给代码来做。以购买航班延误险为例，有了智能合约以后，理赔就变得简单了许多。

具体来讲，投保乘客的个人信息、航班延误险、航班实时动态都会以智能合约的形式记录和储存在区块链当中，只要航班延误到已经符合理赔条件的程度，理赔款就会在第一时间自动划到投保乘客的账户上。这不仅提高了保险机构处理保单的效率，还节省了投保乘客在追讨理赔款过程中消耗的精力。

可见，智能合约可以极大地便利人们的生活，也可以提升公司的工作效率。未来，区块链将在智能合约的助力下获得越来越好的发展，电子商务、金融、医疗、教育等多个领域都将感受到区块链和智能合约带来的益处。

1.3.3 共识性思维：赋予现实经济指向性

矛盾的本质是共识的流失；幸福的本质是共识的凝聚。共识性思维是构筑区块链的基石，区块链的出发点和落脚点也都是共识性思维。对于区块链来说，只有让交易方达成共识，交易才可以开启并顺利结束。如果共识破裂，那么区块链也会分叉，交易的安全就得不到有效保障。

共识性思维并不是区块链所独有的，人们也具备寻求共识与合作的智慧。一般来说，人们寻求共识与合作的方式比较多。例如，建立中心化权威、进行等价交易等。但是区块链要想达成共识，采取的大多是平等、自愿、公正的方式，这样的方式其实就有了去中心化的基因。

在区块链的共识性思维中，共识并不是绝对的，而是相对的。人们会徘徊在感性与理性之间，并在此基础上分化出不同的想法；区块链也在瓦解和进步中盘旋，并在此基础上衍生出不同的利益追求。

借助区块链的共识性思维，现实经济拥有了更多的指向性。互联网思维中的"以用户为核心"本质上是与用户达成共识。在区块链领域，应该是"根据需求进行生产"，即先与用户达成共识，再开发出相应的产品和服务。

如果从营销的角度来看，区块链的共识性思维实际上是一种提前瞄准用户的措施（简单来说就是把用户纳入产业链中），让用户参与监管和运营。换言之，将交易方纳入区块链中，交易的透明性和安全性就得到了保障。

区块链三大思维都是近些年发展起来的，其发展历程有一定的规律和步骤。当平台管理遭遇挑战，基于去中心化管理的分布式思维出现；当大数据运算升级到代码层面，代码化思维出现；当区块链的开源系统发生变化、私域流量获得发展，共识性思维出现。未来，如果区块链可以再上升一个层次，那么越来越多的思维方式会顺利落地，例如，跨界思维。

第 2 章 利益集合：区块链下的新商业

区块链是一项创新性的技术，对于这种技术，人们通常倾向于高估其短期作用，低估其长期作用。实际上，区块链崛起的周期将会很长，其产生的作用也会在我们的意料之外。如今，区块链正在与各行业和各领域相融合，促使原有的社会生产关系发生巨大变革。

当然，在上述变革的影响下，区块链也催生出新商业，为公司的发展带来更多机遇。本章通过介绍区块链下的新商业，帮助人们更好地理解和掌握区块链。

2.1 区块链引发商业社会大变革

在多方协作的场景中，区块链有非常显著的优势。例如，解决因为缺乏信任而难以达成的深度合作问题，延伸出更多的盈利机会。对于商业社会来说，区块链更是一项不可多得的技术。首先，区块链可以低成本构建合作网络；其次，区块链可以实现跨国式的输送和吸纳。

2.1.1 机器信任：低成本构建合作网络

在日常生活中，需要证明自己身份的情况屡见不鲜，而且如果无法证明自己的身份，就可能会遇到一些麻烦，包括，银行存款无法顺利取出、注册登记业务受到影响等。

过去，要想让出生证、房产证、婚姻证等证书得到认可，必须有一个中心化节点。例如，政府、相关机构等。不过一旦到了国外，这些证书可能就会失效，因为并没有全球性的中心化节点。实际上，区块链就可以解决这个问题。

区块链具有不可篡改的特点，该特点从根本上改变了创建信任的方式，即通过数学原理而非中心化节点来创建信任。这样的方式不仅成本低，效率还非常高。例如，出生证、房产证、婚姻证等证书都可以储存在区块链上，区块链会将这些证书变成各国家都信任的东西。

区块链可以打造一个机器信任时代。这有什么意义呢？回顾历史，人类是在搭建起合作网络的基础上成为地球的主宰的。借助合作网络，人们可以高效地形成团队，并以灵活的方式进行大规模活动。现在，互联网也是一个大型的合作网络，上面各节点之间的信任依靠的是长时间的积累。

机器信任时代的到来使得创建信任的成本有了大幅度降低，信任体系更加完善，交易行为得到一定程度的限制，整个交易市场更加安全、可靠。

在机器信任的基础上，人们能够以比较低的成本构建一个完善、坚固的合作网络。这个合作网络可以加强人与人之间的联系，进而更妥善地解决信任问题。

2.1.2　价值传递：跨国式的输送和吸纳

随着现实世界向虚拟世界的迁徙，人们的财富也开始向互联网转移。

自从互联网出现以来，信息传递的方式发生了巨大改变，这使得信息实现了高效、自由地流动，但是价值传递的效率依然不高。

现在，互联网上的数字货币实际上与传统货币没有太大差异，跨国支付也仍然是一个亟待解决的痛点。而区块链则帮助人们构建起价值传递网络，该网络可以使人们通过快捷、高效、低成本的方式传递价值，这里所说的价值包括资金、货币、数据等。

以区块链为基础的价值传递可以细化为两个方面：

第一个方面是普通的价值传递。例如，借助区块链，我们可以将比特币发送给任何一个人。数字货币在全球的流通，让价值传递变得更加便利。可见，区块链下的价值传递将为整个世界带来深刻影响。

第二个方面是数字货币的流通带来价值吸纳。数字货币在全球的流通会吸纳价值，因为在购买数字货币的背后，还隐藏着针对服务以及生态的购买。

通常来讲，价值传递的效率越高，人们社会的活动就越多。在区块链的助力下，价值互联网将改头换面，价值传递也将迎来一次巨大的创新。

2.2　区块链带来新商业模式

商业模式是利益的载体，而区块链是一个分布式账本，能够创造许多价值。例如，智能合约、去中心化、数据监控等。根据价值的不同，我们可以将区块链带来的商业模式总结为四类：区块链平台模式、DApp 经济服务模式、区块链解决方案服务模式、区块链数据服务模式。这四类商业模式分别适合不同的公司，在选择时需要考虑内外部的环境。

2.2.1　区块链平台模式

区块链是一个以个体对个体为基础的系统，分布式运算为其发展提供了强大的动力。如今，围绕着数字货币、去中心化、智能合约等要素，各种各样的区块链平台正在不断涌现。可以说，平台已经成为区块链环境下最常见的商业模式之一。

面对着区块链带来的蓝海市场，很多公司都在积极开发区块链平台，并在区块链平台上构建生态系统，希望为用户提供优质的服务。

Ubitquity LLC 是美国的一家区块链公司，该公司推出了一款适用于房地产行业的安全存储区块链平台。利用这个平台，房地产公司能够更快地进行产权证书的查验，减少了产权的搜索时间，提高了产权的保密性，让产权变得更加透明，有效地避免了欺诈案件的发生。

将区块链应用到房地产行业，国内的区块链公司也在行动。例如，鑫苑集团与 IBM 合作推出了区块链房产数字化平台——房易信。房易信致力于成为未来房地产行业中的基础设施，并尝试着对接投融资机构、征信机构、商家、消费者等参与者。

IBM 为房易信提供了区块链、智能合约等方面的技术支持，鑫苑集团为房易信搭建房地产数据库、交易流通系统、房产估值系统、风险控制系统等。作为一个区块链平台，房易信为鑫苑集团和 IBM 带来了丰厚的利润。

除了房地产行业以外，区块链公司还可以为其他行业开发区块链平台。例如，供应链金融、资产交易、存证溯源、监管审计等。但是区块链公司需要先了解这些行业的痛点和需求，然后再进行区块链平台的开发，这样才可以保证最终的效果和盈利。

2.2.2　DApp 经济服务模式

有了区块链之后，各种去中心化程序也开始建立起来，其中涉及物联网、云计算、大数据、医疗、保险、银行等多个要素。DApp（Decentralized Application，去中心化程序）经济服务模式的最大优势就是借助区块链的去中心化，使垂直行业的支付能力得到大幅度提升。

既然讲到 DApp 经济服务模式，那么问题就出现了。哪个区块链公司的做法值得学习和借鉴呢？现在市场上比较流行的有 NEO、星云链、量子链、EOS、金盛 binary 等。这些案例的出现丰富了区块链下的新商业模式。

目前，DApp 经济服务模式已经深入到多个领域和行业。例如，在医疗行业，区块链程序可以保证医疗数据的真实性和有效性，并能够实现医疗数据的交换和共享；在能源行业，区块链程序可以记录和储存能源的输送与交易情况。

在 DApp 经济服务模式中，最核心的就是 DApp，关于 DApp，有以下几点需要重点了解。

1）DApp 可以运行在手机、计算机、iPad 等设备上，兼容性比较强。

2）DApp 的运行不依赖于中心服务器和中心数据库，数据记录和储存在用户个人空间里面。例如，手机、个人云盘等。

3）DApp 上的数字产权全部都会记录和储存在区块链上，并且可以借助区块链对数字产权进行点对点交易。

4）DApp 的发布不会受到过多限制，各种创意与创新都可以自由实现。

5）DApp 可以保护数字资产，确保数字资产不被破坏或者窃取。

某区块链公司开发了一款游戏 DApp，与传统游戏平台相比，该游戏 DApp 有很多方面的差异，具体见表 2-1。

表 2-1 传统游戏平台 VS 游戏 DApp

	传统游戏平台	游戏 DApp
发布措施	上架审核	自由发布
收费模式	平台代收费	直接收费
分成模式	盈利分成	获得全部盈利
所属权	用户并不真正拥有所属权	用户完全拥有所属权
个人数据	个人数据被贡献给平台	个人数据属于用户自己
是否可以转卖	用户无法转卖	用户可以自由转卖
推广策略	平台推广（付费）	个人推广（付费）

由表 2-1 可见，如果有了 DApp，个人数据不需要放到平台，而是可以由用户自己保管。不仅如此，用户在 DApp 消费的同时，也可以通过转卖的方式获得盈利，并且还可以对 DApp 进行投资以达到"消费投资"的目的。

目前，全球 DApp 的数量已经超过 2000 个，并且还在不断增加。随着公有链等基础设施的完善，以及 DApp 在社交、游戏等各种应用场景的逐步落地，DApp 未来将迎来一个大爆发。这么多 DApp，用户寻找起来自然非常麻烦，DApp 应用商店正是为了解决用户寻找去中心化应用的痛点而生。DApp 应用商店能够将各种不同类别的 DApp 集合起来，一方面帮助开发者降低获客成本，另一方面也便于用户找到感兴趣的 DApp，是连接开发者和用户的桥梁。

例如，某平台率先上线了 DApp 商城功能，该商城聚集了大量区块链行业最新、热门、精选优质的应用与游戏，模式如图 2-1 所示。该平台通过 DApp 商城抢先了解行业最新应用动态，成为价值互联网时代领先者。应用中心以用户价值为依据，致力于为用户提供丰富安全的手机应用资源。

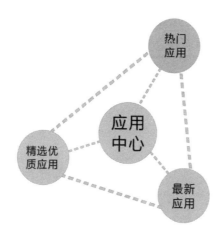

图 2-1　某平台 DApp 商城应用中心

如今，区块链让我们的想象力变得更加丰富，各种新的创意层出不穷。未来，随着区块链的优势越来越明显，更多区块链公司将加入到这个行列，而 DApp 经济服务模式也将成为竞争的高地，为商业模式的创新提供强大动力。

2.2.3　区块链解决方案服务模式

与其他技术或者生态相比，区块链有独具特色的盈利系统，基于该盈利系统衍生出来的商业模式都可以获得不错的发展。区块链是一项前沿的技术，并且涉及了十分广泛的学科和理论知识，包括物联网、云计算、大数据等。

对于专攻私有链的区块链公司来说，区块链解决方案服务模式是最关键，也是最普遍的商业模式之一。例如，信链是一家区块链解决方案供应商，致力于帮助传统金融机构实现转型升级，并对"连接""信用生产""共享"等进行重新定义。

在数字信用这一大基石上，信链构建起了一个以区块链为中心的价值共享生态，同时还显示出了低成本、高可信度、自组织化的特征。而且在区块链的助力下，信链还对征信行业产生了很多有利影响，主要体现在以下几个方面。

1）降低了单一节点作恶的可能性。

2）用户不仅可以分享部分收益，还可以对征信方进行业务授权。

3）为各节点的公正性提供了有力保障。

4）以最快的速度完成数据确权，并使帕累托分布得到最大程度的优化。

由此可见，和传统征信相比，信链的优势要更加明显，如图 2-2 所示：

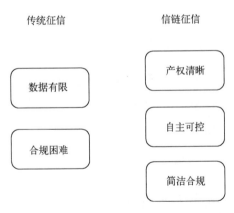

图 2-2　信链的优势

信链是提供区块链解决方案的一个重要标杆，其所产生的新发展理念必定会对很多区块链公司产生深远影响。通过激励机制，信链可以很大程度地调动各方积极性。不仅如此，信链还利用了区块链的某些重要机制（例如，安全高效的记账机制、分布式互助协作机制、开源的民主共识机制等），使其自身形成了一种具有普惠、开放、民主等特征的信用体系。

实际上，像信链这样的区块链解决方案供应商还有很多，对于那些想要转型的区块链公司来说，可以学习和借鉴信链的做法。通过为各行业提供区块链解决方案，区块链公司可以在市场中站住脚，进而促进自身的不断进步。

2.2.4　区块链数据服务模式

区块链是一个分布式账本，在这个分布式账本上，记录和储存了很多数据。例如，商品交易数据、资金转移数据等。通过对这些数据进行整理和分析，可以形成极具价值的资源库，并帮助有需要的公司优化业务流程和发展战略。

优步曾经遭到两名黑客的攻击，导致很多用户的个人信息被窃取。随后，优步向黑客支付了 78 万港元后才删除这些个人信息。在生活中，各类平台掌握和控制着大量的数据，数据被窃取的事件时有发生。用户虽然是数据的生产者，但是并非数据的管理者。

区块链能够建立可信任的数据交易环境，防止黑客窃取数据。此外，区块链还具有可追溯的特点，可以将数据连接起来形成一个完整的明细，以便使用户能够随时随地查询和追踪。由此可见，基于"区块链+数据"的区块链数据服务模式也大有可为。

一家名为 AAA Chain 的区块链公司提出用区块链来发展数据产业，即把区块链与数据结合起来。通过建立联盟，AAA Chain 获取了海量的数据，并打造出一个规模十分庞大的数据库。在这个数据库中，个人用户和公司用户均可以进行数据的交换与消费。这种方式有效避免了数据的沉淀，使数据发挥出更大的价值。

AAA Chain 目前正在开发"区块链自治数据开放平台"，该平台可以让数据实现跨屏、跨应用合作，而且能够把使用手机、计算机、平板计算机等各种设备的用户统一起来，形成相同的数字身份 ID。用户拥有数据的控制权，有权决定向谁开发，还可以把自己的数据明码标价。

AAA Chain 让数据发挥出更大的价值，实现了数据的资产化，使用户真正受益。目前，大多数垂直类的 App 都有广告变现的需求，这些 App 可以在 AAA Chain 中采购广告流量来满足自身需求，从而建立从数据供应到数据消费的完整循环生态。

AAA Chain 以区块链为基础，充分保障数据的安全。用户可以在 AAA Chain 中安全、透明地记录数据，而且这些数据不会被黑客篡改。此外，数据的所有权也不需要第三方认证，每一个数据都可以被追溯，从而有效保证了数据所有者的权益。

对于区块链公司来说，设计一套合理的机制，促使用户主动加入数据库形成完整的闭环体系，并最终实现价值共享，是推动区块链数据服务模式顺利落地的关键，也是获得丰厚盈利、提升市场竞争力的重要举措。

2.3 区块链塑造新商业未来

作为一项新兴的技术，区块链虽然正在经历重重考验，但是其发展已经是不可逆转的了。如果可以建立一个生态体系，为区块链公司提供施展才能的空间，调动社会各界的积极性来参与其中，那么区块链将塑造新商业未来。

凭借自身的特点以及与其他技术相结合的优势，区块链在未来将会不断突破我们的预期，创造出一个更加公平、公正、高效、可信任的商业环境。

2.3.1 将作品变为真实的资产

借助区块链将作品（内容）变为真实的资产，是区块链公司未来的发展方向。举例来说，创作者可以将自己的作品记录和储存在区块链上，如果作品被下载或者浏览，那么创作者就可以获得相应的报酬，赚取一定的佣金。

利用区块链的共识机制，人人链（国内首家数字产品交易平台）实现了数字产品的区块链存储、数字资产的特征值提取、数字版权的注册等。人人链通过大数据算法将数字产品储存在区块链上，实现了全球范围内的版权声明及创意交易。

随着互联网的发展，很多作品都以数字化的形式被上传到了网（互联网）上，这大大增加了版权被侵犯的风险，同时，很多侵犯版权的行为比较隐蔽，很难追究责任。对于创作者来说，这些都是希望解决的问题。

针对这些问题，人人链基于区块链的共识机制以及智能合约，充分保护了作品的安全，确保任何人都不能篡改作品上的内容。对于每一个新上传的作品，人人链都会先提取其特征值，并将该特征值与网上其他作品的特征值进行比较。如果相似度没有超过规定阈值，那么该作品就会被认定为原创作品，然后被纳入区块链中，获得全网唯一的 ID。

人人链可以记录作品的内容以及作品的交易流转信息，如果与现在的网络爬虫技术相结合，还可以追踪到作品在网上的使用情况，从而在第一时间发现侵犯版权的行为。此外，人人链还能够打造作品的交易系统，建立以创作者为核心的版权保护机制，实现作品的良性共享。

在互联网时代，因为知识产权保护系统不完善，很多创作者无法获得相应的报酬。例如，音乐创作者的作品如果在几十年前卖出 100 万份，他就可以获得大约 45000 美元的版权税。但是现在，即使有 100 万次的下载量，他的利润也仅为 36 美元。

如今，国外的一些音乐创作者开始把自己的作品储存在区块链上，然后生成一份关于其作品的智能合约。如果其他人想要把该作品放入电影或者 MV 中，就需要支付一定的费用，否则就属于侵犯版权。由此来看，区块链的智能合约既保护了创作者的版权，又将其创作的作品变为真实的资产，这是一种非常不错的盈利来源。

人人链除了为创作者的作品匹配唯一的区块链指纹以外，还建立直接付费机制，利用智能合约实现利益的自动分配，使交易完全透明化，让利益真正回归到创作者手中，从根本上解决了版权保护以及交易信任等问题。

2.3.2 模拟真实世界，连接不同设备

目前，很多设备可以对人的身体健康和生活状态进行监测。无论是何种智能设备都需要人去控制，而区块链则可以打破这样的模式。

如果在设备中加入账户体系，再辅以智能合约的部署，那么各设备之间就可以进行资源和服务的自动交易。例如，某台充电桩有非常充足的电力，那么它在收到另一台电力不足的充电桩的交易请求时，就可以在向其输送电力的同时获得相应的报酬。

通过区块链，设备上的数据可以实现高效的交换和追踪。因为作为分布式账本，区块链可以记录和储存设备上的数据，这就为连接不同设备提供了极大便利。

不妨设想一下，一台自动售货机既可以实时掌握库存情况，又可以从不同分销商处招标以获得更多利润，还可以在新商品到库时自动付款（新商品需要根据客户消费历史进行采购）。还可以设想，洗衣机、洗碗机、吸尘器等一整套智能家居设备，能够根据时间及电力损耗情况自动安排工作的顺序；又或者一台汽车可以自动检测自身的车况，判断是否需要安排保养。

现在，上述设想都可以由区块链实现。具体来说，区块链本身有成为独立个体代理的潜力，即我们经常说的 DAC（分布自治机构）。DAC

提供的去中心化网络，可以作为传统上依赖于信任和中心化机制的银行及仲裁机构的补充。

作为独立个体代理，区块链可以为传送机密信息的电子通信业务提供安全保障。除此以外，区块链还可以为设备的数据转移做担保，同时实现软件的自动推送和安装。不过需要注意的是：在没有中心化服务器处理消息、赋予权限之前，所有去中心化方案都应该支持非信任机制的点对点消息、安全的数据共享，这是区块链发挥作用的重要前提。

区块链创造了一种实时、共享的新商业模式，这种新商业模式可以使人们的想象空间进一步扩大，也可以使区块链公司的发展更上一层楼。最后，当区块链将设备都连接在一起之后，人们的工作和生活都将变得更加便捷、轻松。

2.3.3　构建新一代价值互联网经济

区块链的诞生是人们构建价值传递体系的开始，这个体系就是价值互联网，它可以使价值传递变得像信息传递一样方便、快捷、安全。与之前出现的信息互联网相同，价值互联网也将给日常的生活和工作带来巨大的变革。

例如，区块链可以在不涉及第三方的情况下，为交易方提供点对点的交易。以小额跨境汇款为例，在进行小额跨境汇款时，融入了区块链的分布式金融交易系统可以提供世界范围内的实时服务，这样不仅有利于降低小额跨境汇款的费用和成本，也使境外务工人员获得更多的实惠和便利。

有了区块链之后，很多喜人的变化都将出现，包括用户的一举一动不再被互联网公司监视、个人数据难以被黑客和不法分子窃取、用户的行为习惯有了明确的归属、版权侵犯问题得到解决、微交易市场受到更多关注等。

面对着区块链的极大潜力和广阔发展空间，很多公司和投资者纷纷入局，希望可以赶上技术创新的潮流。未来，随着 5G、人工智能、物联网、大数据等技术与区块链的深入融合，区块链的去中心化、不可篡改、公开透明等特点将发挥更大的作用。例如，完善价值互联网经济，形成去中心化的商业模式等。

　　作为一项具有变革性意义的底层技术，区块链的前景十分美好，但是对于其未来发展，我们还是要有正确的认识。另外，在分析区块链带来的影响时，我们也要保持清醒的头脑，不能盲目地给出结论。想要在区块链领域发展的创业者，更是要考虑好自己的实际情况，不断充实自己，提升自己的能力和格局。

第 3 章　优势交换：区块链与前沿技术融合

在当前这个"万物互联"的时代，区块链要想获得长远发展，就不能只依靠自身优势，而是应该与一些前沿技术融合。例如，5G、人工智能、物联网、大数据等。这些技术与区块链是相辅相成的，彼此之间可以相互促进、共同成长与进步。

3.1　区块链与 5G 融合

现在，很多技术都开始和区块链融合，受到广泛关注的 5G 自然是其中一个。移动通信网络从出现那一天到现在，一直在更新换代，已经从 2G 网络变成现在的 5G 网络，而这也带动了一大批产业的创新和改革，同时也使人们的生活发生了巨大变化。

3.1.1　区块链使 5G 变得安全可靠

5G 时代，万物互联真正实现，所有智能设备都可能成为交互的工具，人们可以在这个工具上单击、完成指令。这样的景象虽然非常美好，但是每一项技术的背后都伴随着或多或少的问题，5G 网络当然也是如此。例如，网络安全问题、数据隐私问题、开发成本问题等。

试想一下，不法分子除了要入侵你的手机和计算机，还要攻击你的电视、电冰箱、空调，甚至门禁系统，这难道不是非常可怕的事情吗？要想避免这样的事情，区块链是一个不错的解决方案。

有了区块链的支持，5G 网络就相当于获得了更可靠的安全与信任机制，上面提到的网络安全问题、数据隐私问题都可以有效解决。不仅如此，物联网的优势——"万物互联"也可以被进一步放大，终端成为节点，整个网络变得比之前坚固很多。

很多可能与 5G 结合的项目都可以引入区块链。这样不仅有利于保护数据的真实、有效，还有利于升级商业模式和业务逻辑。

目前，5G 还处于发展阶段，相关技术尚未十分成熟，导致设备有机会在其中制造混乱，并趁机浑水摸鱼。此外，5G 推出以后，设备之间的交易和支付有了大幅度增长，这将会对现有的金融基础设施造成严重冲击。区块链可以从根本上消除这些痛点。

相比于物联网中使用的服务器模型，区块链有很大不同。

首先，为了保证身份的真实性和唯一性，区块链会使用非对称加密和安全散列算法将相应的区块链地址注册下来。

其次，区块链具有不可篡改的特征，能够在记录和储存交易信息的同时保证其真实可靠，而且区块链上的哈希数值一旦发生变化，管理员就会在第一时间关注并处理。

最后，区块链可以通过自身去中心化的优势，将设备中互不信任的实体连接在一起，并使其达成共识，这有利于规范设备在网络中的行为。

部分从业者认为，"区块链+5G"不切实际，目前还处于纸上谈兵的阶段。但是不得不说，一些公司正在为此不断努力，相关产品的雏形也开始出现。

为了促进 5G 和区块链的融合，链博科技针对 5G 的可能应用场景，提出了链改解决方案。通过链改，公司不仅可以实现数据上链，还可以为数据构建安全机制，从而解决 5G 时代下的网络安全问题以及数据隐私问题等。

此外，在链改的助力下，公司的商业模式会进一步升级，越来越多的物联网终端将加入价值创造中来。以车联网为例，汽车加入区块链中，区块链记录和储存与汽车相关的数据，这些数据再用来优化汽车设计、降低汽车研发成本等。整个过程可以创造大量的价值，如果将这些价值反馈给车主，车主就可以获得良好的体验以及应有的报酬。

在融合 5G 和区块链方面，链博科技没有局限于对 5G 安全性的加持，而是致力于为 5G 用户带去更多的价值。凭借着对技术的研究和应用，链博科技将有一个美好的未来。

3.1.2　5G 加速区块链应用大规模落地

5G 的强大和重要性，可能很多人都还没有真正感受到，不过 5G 拥有速度快、高续航、低时延等特点，这些是毋庸置疑的。

对区块链有一定了解的人应该知道，区块链是部署在网络之上的，其本质是一个分布式账本。无论是个体还是公司，要想同步这个分布式账本上的数据，就必须进行大量实时的通信，但这个过程并不是特别安全。

然而，5G 的出现并获得发展以后，基于网络的数据一致性将得到进一步改善。这不仅可以提高区块链本身的可靠性和有效性，还可以减少因为延迟而导致的差错和分叉。

与此同时，通过增加节点的参与数量，5G 还可以提高区块链的去中心化，从而大幅度减少区块链的阻塞时间。当然，这也有利于提升区块链的可扩展性。

而 5G 为区块链带来的这些变化，又可以成为支持物联网发展的重要力量。也就是说，未来将有越来越多的行业和领域，可以通过速度快、安全性强的物联网实现智能化、自动化。同样的，区块链也会在各大场景中正式落地，实现真正意义上的商用。

通常情况下，智能合约十分依赖于 Oracle（放置在区块链边界上的程序代码），但是 Oracle 根本无法在偏远地区使用。鉴于此，如果通过 Oracle 将数据传递给智能合约，然后再把这些数据连接在 5G 设备上进行输送，那就可以让 Oracle 的使用范围扩大到偏远地区。

另外，借助 5G，区块链还能够实现网络改进。5G 网络带宽的大幅度增长，再加上边缘计算辅助延迟的进一步减少，加入区块链的节点会比之前有明显增加，这有利于优化区块链的容量和规模。同时，5G 网络深入偏远地区，越来越多的移动设备可以连接在一起，久而久之，区块链的参与度会有很大提升，其安全性和分散性也更有保障。

3.1.3　超速链：全球首个 5G 生态公链

2019 年 5 月 15 日，全球首个 5G 生态公链——超速链（HSN）在深圳正式亮相。HSN 开创了新的历史，即把边缘计算和 5G 融合在了一起，并且允许边缘设备完成计算任务，这样的做法进一步缓解了中心设备的压力和负担。

不过，边缘设备基本上是由用户和公司掌握的，那么如何才能让他们贡献边缘设备的通信带宽/算力呢？为了解决这个问题，HSN 创造性地提出了一个概念——通信量证明（Proof of Communication，PoC）。

通信量证明就是根据边缘设备负责处理的通信量，为其提供相应的奖励。这就把通信、计算、区块链巧妙地融合在了一起，使用户可以享受到更加快速、优质的 5G 通信。此外，用户和公司也可以通过贡献自己的通信带宽/算力而得到奖励。这样的正向反馈可以使 HSN 的系统更加高效、安全、稳固。

借助区块链，HSN 建立了基于 5G 的网络安全和信任机制。在这样的机制下，价值生态体系将得到进一步优化、多源信息交换共享可以实现、推动信息获利的新经济体将会形成，这些都是 HSN 带来的创新和变革。

另外，HSN 还引入了非对称加密、零知识证明等技术，并在此基础上研发出一套加密去重体系，即对储存的文档进行加密和去重，以防止存储资源的过度占用。在执行储存动作之前，HSN 会对文档进行预处理，将其分割成多个碎片并存放在不同的节点上。

这也就意味着，每个节点只需要处理一小部分传入的数据，并可以与其他节点并行处理，从而使数据验证工作高效、迅速地完成。

作为全球首个 5G 生态公链，HSN 专注于通过区块链、边缘计算等技术重塑复杂的 5G 应用场景，为 5G 数字经济时代的发展增添动力。未来，HSN 还将深入更多的行业和领域。例如，智慧安防、智能制造、车联网、无人机等。

3.2 区块链与人工智能融合

随着区块链和人工智能的广阔前景都被发掘了出来，这两项技术终于在到达关键转折点之际被结合在了一起。若谈及区块链对人工智能的改变，可以体现在自治智能体方面；若谈及人工智能对区块链的改变，则应该体现在高效管理方面。

3.2.1 区块链+人工智能=自治智能体

在某种情况下，来自不同孤岛的数据合并在一起以后，除了可以产生更好的数据集以外，还可以产生更加新颖的自治智能体。在这种自治智能体的助力下，新的洞察力可以被获得，新的商业应用也可以被发掘。这也就表示，以前完成不了的事情现在已经可以完成。

一般情况下，如果对不好的数据进行训练，那得到的自治智能体也会是不好的。简单来说就是不好的种子结不好的果实。当然，这一论断也同样适用于测试数据。

导致数据变得不好的原因分为两种类型：恶意和非恶意。其中，恶意原因主要包括对数据进行了篡改等；而非恶意原因则包括：数据源出现失误、物联网传感器存在缺陷、崩溃故障、不具备良好的纠错机制等。

这时就出现很多问题，如何判断数据源是否出现了失误，如何保证数据没有被篡改，如何了解进出自治智能体的数据情况……总而言之，必须对数据进行深入了解，而且应该知道的是数据也希望可以拥有信誉。

在这方面，区块链可以发挥出一些强大作用。无论是在构建自治智能体的过程中，还是在运行自治智能体的过程中，数据提供者都可以通过区块链为数据和自治智能体加上时间戳，然后再将已经加上时间戳的数据和自治智能体添加到区块链数据库当中。这样一来，这些数据和自治智能体就相当于已经获得了认证，同时也意味着可以被追根溯源。

此外，数据和自治智能体也是"全球公共注册中心"的两个重要组成部分，而且都可以被买卖。由于知识产权是受版权法保护的，所以可以作为知识产权资产使用的数据和自治智能体也同样享有这样的保护。

而这也就表示，哪家公司能把数据和自治智能体构建起来，哪家公司就可以拥有版权。并且如果公司拥有了数据和自治智能体的版权，就可以授权别的公司使用，这里具体包括以下 4 种情况。

1）公司将自己的数据授权给别的公司去构建自治智能体。

2）公司授权别的公司把已经构建好的自治智能体添加到其移动应用程序当中。

3）在获得授权的情况下，公司使用别的公司的数据。

4）公司之间进行层层授权。

可以看到，对于一个公司而言，如果拥有版权，那将会是一件非常不错的事情。目前，数据的广阔市场已经得到了极大认可，而自治智能体也将会如此。

在区块链还没有兴起和发展之前，拥有版权的公司可以将数据和自治智能体授权给别的公司使用，而相关法律也为此提供了依据。不过，区块链可以使其变得更好，之所以会这样说，主要原因如下：

1）就公司拥有的版权来说，区块链提供了一个防篡改的"全球公共注册中心"。这样一来，公司就可以通过数字加密方法在自己的版权上签名，从而烙上一个"版权归我们公司所有"的印记。当然，"全球公共注册中心"还包括数据或自治智能体。

2）就公司的授权交易来说，区块链又一次提供了一个防篡改的"全球公共注册中心"。不仅如此，这次不只是数字签名那么简单，而是将版权与私钥联系在了一起。如果没有私钥的话，就没有办法对版权进行转让。

由此来看，版权转让似乎已经变成与区块链相类似的资产转让。在这种情况下，无论是个人拥有的版权，还是公司拥有的版权，都可以受到保护。而正因为如此，数据才得以共享，自治智能体也才能被构建出来，从而推动着我国人工智能事业的不断发展。

3.2.2　人工智能可以高效管理区块链

作为同时代的两个热点，人工智能和区块链已经受到了广泛的关注。而事实也证明，人工智能的确可以高效管理区块链。

首先，人工智能可以节省区块链的消耗。

在数字时代来临以及技术不断进步的影响下，需要处理和分发的数据已经变得越来越多，也越来越复杂。例如，一些现代化软件系统的代码行数已经达到了百万级。在维护这些数据的时候，不仅需要大量的软件开发人员，而且还需要大型数据中心，这也就意味着要消耗许多能源，并占用大量的财务资源。

鉴于此，兰卡斯特大学的数据科学专家开发出了一款人工智能计算机软件，即使在没有人工输入的情况下，该软件也可以用最快的速度完成自组装，并形成效率最高的形式。当然，这也有利于人工智能系统能效的大幅度提升。这一人工智能系统名为 REx，其基础是机器学习算法。在接到一项任务以后，REx 会在第一时间查询庞大的软件模块库（例如，搜索、存储器缓存、分类算法等）进行选择，最终再将自己所认为的最理想形态组装出来。另外，研究人员还为这种算法起了一个非常合适的名称——"微型变种"。

随着我们频繁地连接设备，进入物联网时代，需要处理和分发的数据量正迅速增长，数据中心的大量服务器也因此需要消耗大量能源。类似 REx 的人工智能系统能找到各种场景下的最佳性能匹配模式，进而大幅减少能源需求。

其次，人工智能可以强化系统固定结构的安全性。

早前，AIC 数字资产公司公布了一份资料显示，该公司正想方设法实现人工智能与区块链的融合，而且已经取得了比较不错的成果。对此，相关开发人员表示，在人工智能的助力下，区块链的整体安全性已经得到了更进一步的提升。

区块链诞生至今都没有人工智能的能力。第一代区块链是比特币，虽然创造了一个分布式的金融体系，但是脚本语言简单，只能做简单的转账、支付。第二代区块链是以太坊等经过优化的平台，试图通过扩展脚本、虚拟机等方式来解决拓展区块链的功能，例如，编写智能合约、开发 DApp 去中心化应用等，但是以太坊因为在链上运行，运算能力、存储能力和网络能力都还比较弱，无法运行人工智能的语义理解、机器学习和多层神经网络等能力。

AIC 数字资产公司通过人工智能努力打造第三代区块链。到目前为止，除它之外还没有真正意义上做这件事情的公司。首先是因为这的确是块技术硬骨头，很难啃下来；其次是行业还有一些浮躁和泡沫，多数人喜欢选择容易做的事情，不愿意去碰这块技术硬骨头。

不过，AIC 数字资产公司拥有专业、沉稳的团队，这个团队的愿景非常简单，就是让区块链用上人工智能。一旦打造出第三代区块链，无论是能源消耗的优化程度，还是系统固定结构的安全性，都会有一定程度的提升。

最后，人工智能可以管理区块链的自治组织。

传统的计算机虽然计算速度非常快，但是反应比较迟钝。如果在执行一项任务中没有明确的指令，计算机就无法完成任务。因为区块链的加密特性，要想在传统的计算机中使用区块链数据操作，那就必须要有强大的处理能力。

例如，在区块链中挖掘块的算力就采用了"蛮力"方法，那就是一直尝试每一种字符组合，直到找到一种适合于验证一个交易的字符。利用人工智能就可以有效摆脱这种"蛮力"方法，通过更聪明、更有思想的方式来管理任务。例如，假设一个破解代码的专家在整个职业生涯中成功破解的代码越来越多，那就会变得越来越高效。一种机器学习推动的挖矿算法能够以类似专家的方式来处理它的工作，这与一名普通程序员花费一生的时间成为专家相比会更简单。通过机器学习能够获得更高效的培训数据，并且在瞬间就能提升自己的技能。

区块链和人工智能的结合给人们带来一个全新的领域，在通信架构和自动技术上开发新的应用。作为一项具有创新思维的技术，区块链的去中心化模式具有非常多的操作性。无论是在我国还是其他国家，如果把人工智能与区块链结合起来，将会带来巨大的互联网科技革命，也能够给人们的生活带来全新的体验。

3.2.3　SingularityNet：分布式人工智能应用商店

互联网改变了传统行业，而人工智能和区块链则改变了互联网，甚至整个世界。之前，为了抢占市场上的优势地位，很多技术都是由某些公司独自发展起来的，这样并不利于技术的升级。然而，SingularityNet的出现打破了这种局面，一个全新的"区块链+人工智能"的时代即将来临。

SingularityNet 旗下有一个"人工智能应用商店"，其主要作用是将人工智能的资源整合在一起，达到共享代码和销售应用程序的目的。在"人工智能应用商店"中，开发者可以推广自己开发的智能产品，也可以与其他开发者进行代码层面的协作。

SingularityNet 的"人工智能应用商店"是以区块链为基础进行构建的，其数字公共分类系统同样也效仿比特币的架构。从本质上来讲，这个"人工智能应用商店"其实是一个具备交换和共享功能的数据库，任何人都可以对里面的数据进行访问、验证、使用。正是因为有了这种公开、透明的设计，SingularityNet 才得以将盗版、黑客攻击等现象扼杀在摇篮里

现在，很多公司都在积极研究人工智能、区块链等技术，但是这些公司之间的合作和交流并没有特别深入。实际上，多方协同开发的方式更能推动技术的发展，使各行业和领域可以用更快的速度实现转型升级。

人工智能与区块链相融合的未来需要有 SingularityNet 这样的推动者，技术的进步也需要各方一起努力，共同奋斗。当新的技术出现时，应该在世界范围内共享，由各国携手解决研究过程中的难题，这样才可以引领时代新局面。

3.3　区块链与物联网融合

在物联网领域，区块链开辟了创新的无限可能性。未来，有非常多的物联网和智能系统的区块链应用将被开发出来。区块链可以用于追踪设备的使用历史、协调处理设备之间的交易。例如，所有的日常家居物件都有可能会自发、自动地与外界进行金融活动。现在，也许你已经想关注区块链对物联网到底有什么作用了，本节将详细展开相关内容。

3.3.1　什么是物联网

如果按照字面意思来理解物联网的话，其实就是"物物相连的互联网"。这里包含两层含义：第一，物联网是在互联网的基础上延伸和扩展出来的一种网络；第二，在进行信息交换以及通信的过程中，物联网的用户端已经延伸和扩展到了物品与物品之间。

所以，物联网的定义应该是：通过各种信息传感设备（例如：激光扫描器、无线射频识别装置、全球定位系统装置、红外感应器等），根据已经约定好的协议，将物品和互联网连接在一起，进行信息交换以及通信，从而实现识别、定位、跟踪、监控、管理的一种网络。

众所周知，在传统互联网时代，信息交换以及通信是发生在计算机与计算机之间的，但因为计算机是需要人来操作的，所以也就相当于发生在人与人之间的。而在物联网时代，信息交换以及通信不仅可以发生在人与人之间，还可以发生在人与物，甚至物与物之间。

当然，无论在哪一个时代，人都是主体。之所以会这样说，主要是因为发生在物与物之间的信息交换以及通信最终还是要为人所用。另外，由物联网的定义来看，通过传感器来完成的信息感知是其基本功能，而信息交换以及通信则是其目的。

物联网是既简单又复杂的。简单是因为它的原理非常好理解，而且应用比较广泛。例如，食品溯源、情报搜集、平安家居、智能交通等；复杂则是因为需要用到大量的设备，而且每位用户的需求都是不相同的，这中间会面临查询时间长、数据量过大等诸多问题。

之前，"万物互联"的场景只能在科幻电影中看到，而如今，在"互联网+"的助力下，却已经成为现实。在这背后，除了有海量信息在全球范围内的无成本流淌，还有人与人、人与物、物与物的无限自由连接。

但是，"万物互联"真的已经实现了吗？其实并不是，一切才刚刚开始。相关数据显示，目前连接到互联网的实物还不到总量的 1%，而尚未实现互联的实物则高达 99.4%。这也就表示，"万物互联"还没有真正实现，物联网需要走的路还很长。

3.3.2　区块链解决物联网落地难题

近年来，物联网的发展已经逐渐形成规模，但是在这个过程中也仍然存在一些需要解决的落地难题。对于这些落地难题，区块链凭借其自身优势可以给出不错的解决方案，具体从以下 3 个方面进行说明。

1. 区块链提升物联网的效率

目前，阻碍物联网进一步发展的很大原因是终端设备成本高昂，很多公司没有能力负担。在终端设备得不到优化的情况下，物联网的工作效率自然难以提升。

而区块链则为物联网提供了特殊的"待遇"。物联网在进行终端设备管理时，不再需要以大型的数据中心作为其背后的支撑，而是可以自动地独立完成。此外，物联网还能够通过区块链进行数据的采集、软件的更新，甚至线上的交易等重要操作。

2. 区块链创造即时、共享的商业模式

如果在终端设备中加入账户体系，再辅以智能合约的部署，那么不同物品之间就可以进行资源和服务的自动交易。

例如，假设某台充电桩有非常充足的电力，那么它在收到另一台电力不足的充电桩的交易请求时，就可以在输送电力的同时获得报酬。区块链创造了一种即时、共享的全新商业模式，这种商业模式可以使物联网的想象空间进一步扩大。

3. 区块链改善全球物联网平台语言不统一的问题

就目前的状况来看，全球物联网平台缺少一种统一的语言，这就很容易对终端设备之间的通信造成不良影响，而且还很容易产生多个竞争性的标准。随着物联网平台的数量不断增多，如果这些物联网平台没有一种可以进行通信的统一语言，不仅会降低通信效率，还会使通信成本大幅增加。

但自从区块链出现并兴起以后，这些问题就可以得到有效改善。区块链的分布式对等结构和公开透明算法，可以在各物联网平台之间建立互信机制。这不仅有利于打破信息孤岛和语言不通的桎梏，还可以推动信息的横向流动，实现物联网平台之间的协同合作。

从短期效果来看，区块链可以帮助物联网提升效率、降低风险；从长期效果来看，区块链有利于促进全新商业模式的出现，同时也为物联网平台提供一种统一的语言。

区块链与物联网结合在一起将会有广阔的发展空间。目前，有越来

越多的公司正在积极促成这件事情，其中包括 Filament、阿里巴巴、IBM 等综合实力比较强的行业巨头。

3.3.3　MTC：用区块链变革传统物联网

如今，市场上的大部分项目在布局物联网时都是通过自上而下的方式进行的。例如，通过搭建云服务来维护数据，然后收取服务费用。这种方式带来的问题就是效率低、成本高，并且产生的效果并不理想。

于是，一个在国内从事多年技术研发的团队开始转换思维，从新的角度创立了一个区块链项目——MTC。他们以"非即时物联网通信"的细分市场为入口，利用 Mesh 网络（无线网格网络）协议技术，从改造底层设备开始，构建一个去中心化的自主网络。

以"非即时物联网通信"的细分市场为入口构建的物联网，是如何降低成本的呢？主要有几下几点，如图 3-1 所示。

图 3-1　MTC 如何降低成本

1．更便捷的通信设备改造

MTC 将会打造一个在设备与设备之间进行通信的去中心化的 Mesh

网络。在 Mesh 网络中，可以作为节点的有手机、冰箱、汽车、收款机等，它们之间不需要通过传统的互联网通信模式就可以实现通信。Mesh 网络通过一条条较短的无线网络连接来代替传统的长距离网络连接，从而保证数据能够以最快的速度传递。

2．数据存储和维护

对于整个自组网，MTC 利用区块链的分布式数据存储，实现公链和公司私链的并存，但是，MTC 会向公司收取相应的存储数据费用。和云存储相比较，利用区块链的分布式数据存储具有数据不可篡改的特性，并且安全性也要优于云存储。

3．低功耗

目前的物联网应用仍然采用中心化的控制系统。这种系统很难解决连接设备数量的几何级增长、通信拥堵等问题，并且还需要付出巨大的计算、存储及宽带成本。

利用区块链能够实现物联网设备点对点的价值传输。在传输过程中，参与的节点数量越多，节约的资源就越多，并且，还实现了传输的自主。

4．简化技术流程

Mesh 网络协议使 MTC 实现了无网支付。该协议能够帮助自主售卖机、共享充电宝等行业的物联网公司，降低通信模块及网络通信的费用。物联网设备可以利用用户的手机来验证支付交易是否有效，并且在离线状态就可以把验证信息传回互联网。

目前，MTC 团队已经开发了无网支付与近场支付应用。例如，在支付 App 中使用了 MTC 的 Mesh 网络，不管有没有无线网支持，都能够快速完成支付。如果用户提前预订了产品，利用 MTC 的 Mesh 近场感知技术，当用户到达商店附近时，手机就会自动通知商店。商店会把用户选购的产品整理好，等用户到达时，直接把产品送到用户手中。

Mesh 网络近场通信具有无网聊天、近场社交、区块链钱包、智慧城市、室内定位、近场无网支付、物联网控制等诸多功能。在 MTC 生态的基础上，这些功能被整合到一起，构成了一张点对点的 Mesh 网络。另外，MTC 还能够为物联网公司提供低能耗的 BEL Mesh 模板，从而帮助物联网公司节省建立去中心化网络的成本。

3.4　区块链与大数据融合

一般认为，大数据发展经过三个阶段。在第一阶段，数据是无序的，而且没有经过充分检验；在第二阶段，大数据兴起，通过人工智能算法进行质量排序；在第三阶段，数据采用区块链机制获得基于互联网全局可信的质量。区块链上的大数据是人们获得的重要资源。

3.4.1　区块链增强数据可信度

区块链的复杂性以及普及率低影响了其应用推广，然而我们无法否认它的巨大潜力。IDC 曾经发布相关报告称区块链是验证数据出处和精确性的核心工具，可以用于数据升级追踪，帮助不同领域建立起真正的权威数据。

IDC 的研究主管肖恩·麦卡锡（Shawn McCarthy）表示："当前，政府对 IT 安全、信息安全和可靠性表现出了极大的重视。而区块链是 IT 经理人的强大工具，在数据安全领域作用重大。政府可以利用区块链减少欺诈、提高安全性，搭建和公民之间的新关系。"

根据 IDC 的报告，区块链是改善数据真实性和精确性的基础。因为区块链可以转移和监控代表有价物品的不同实体，在审计跟踪方面可以发挥稳定作用。区块链主要利用共享记录来跟踪实体活动，这保证其不受到黑客攻击以及未授权更改的影响。如果通过 P2P 网络建立了共享的权威数据版本，众多节点会共同工作以保证数据的完整性。

区块链的共识协议负责检查活动的有效性以及是否可以添加到区块链上。审核通过后，区块链会将这个权威记录与其他信息核对。

区块链在数字货币、财产登记、智能合约等领域的应用是毋庸置疑的，但是 IDC 该项报告关注了区块链的另外一些特点。

第一个特点是数据权威性。区块链为数据赋予的权威性不仅说明了数据出处，还规定了数据所有权以及最终数据版本的位置。

第二个特点是数据精确性。精确性是区块链上数据的关键特性，意味着任意对象的数据值记录都是正确的，形式与内容都与描述对象一致，可以代表正确的价值。

第三个特点是数据访问控制。区块链可以分别跟踪公共和私人信息，包括数据本身的详细信息、数据对应的交易以及拥有数据更新信息的人。

肖恩·麦卡锡总结说："我们建议公司和政府机构把区块链解决方案的机遇和价值研究纳入第三平台战略，可以通过内部战略确定区块链的意义以及应该遵循怎样的实施路径。"

目前，已经有政府机构开始测试区块链解决方案的数据保护和权威性管理能力。区块链有希望在大数据领域发挥验证数据出处和精确性的关键作用。

3.4.2   区块链改善数据交易

作为产品，数据与无形资产的特征相似，可以无限复制而没有损耗。而且，数据所有权、许可使用以及收益和转让也都有法律保障。一般认为，无形资产的初始所有权与资产的生成及价值起源相关联。

区块链的诞生保证了数据生产者的数据所有权。对于数据生产者来说，区块链可以记录并保存有价值的数据，而且这将受到全网认可，使得数据来源以及所有权变得透明、可追溯，从而进一步改善了数据交易。

2015 年，麻省理工学院的研究生 Guy Zyskind 研发了一个区块链项目，并得到了创业家 Oz Nathan 和麻省理工学院著名教授亚历克斯·彭特兰（Alex Pentland）的帮助。该项目名为 Enigma，将会为云数据共享带来空前的灵活度——帮助公司分析客户的数据，并且保证客户的隐私信息安全，并在不共享数据的前提下允许贷款申请人提交自动承保信息。人们甚至可以通过 Enigma 项目在市场上售卖大型计算与统计的加密数据，而且不必担心数据泄露以及通过互联网落到未知人手里。

Enigma 项目团队在白皮书中写道："当隐私安全以及自动控制有了保证，以及安全措施增加后，人们可以销售自己的数据地址。例如，想要寻求临床试验的病人的药剂公司可以检索基因数据库。市场可以为客户收购消除摩擦，降低成本，并提供新的收入流。"

Enigma 项目使用了安全多方计算的密码技术，数据分往不同的服务器，因此没有机器可以提取完整的基本信息，但是节点仍然可以获得共同计算数据的授权功能。它们可以在不泄露信息的情况下将功能传送到其他节点。团队在白皮书中还指出："没有任何团体能够拿到整体数据，也就是说，任何一个团体都只能获得毫无意义的一部分数据。"

对于公司来说，通过 Enigma 可以用来储存客户的行为数据和信息，利用许可系统让员工们或合伙人分析大量记录，而且还没有数据泄露的风险。

银行也可以根据计算标识贷款承保原则，在客户提供的加密数据的基础上执行自动脚本，而申请者永远也不会共享他们的财产细节数据。

Guy Zyskind 还强调："客户可以贷款、储蓄加密货币或者购买投资产品，这些都由区块链自动控制，没有任何公开财产情况的风险。"

3.4.3　Endor：借助区块链让预测更精准、高效

如果可以精准预测某个事件的结果，那么将会产生巨大的价值。以前，这项工作既耗费时间和精力，又比较昂贵。因此，在很长一段时间

内，只有经济实力比较强的公司才会去做预测，并根据预测的结果有针对性地去投放广告。

Endor 是一个利用大数据和区块链来进行预测的平台。借助 Endor，用户可提出自己想要预测的事件，然后获得一个通过分析大量数据而得到的结果。从建立以来，Endor 取得的进展与成就见表 3-1。

表 3-1 Endor 取得的进展与成就

年份	进展与成就
2014 年	项目启动，推出适用于公司的自动化、精准化预测业务，并且即将投入商用
2015 年	成功获得 Berkshire Partners、Revolution 等多个投资机构的投资
2016 年	引入一些发展不错的区块链项目，包括 Bancor、Enigma 等
2017 年	1）获得世界经济论坛授予的"技术先锋"称号； 2）被 Gartner（国际知名调研机构）评为"很酷的供应商"
2018 年	1）推出针对个人的预测业务； 2）发起众筹； 3）与合作伙伴进行数据整合
2019 年	1）整合外部数据和合作伙伴数据； 2）支持 Endor.coin 社区建议的自定义预测请求
2020 年	1）满足公司和个人的个性化需求； 2）实现私密和安全的数据传输； 3）推出自助服务，通过所需要的数据和引擎来处理预测的结果

在预测时，Endor 会分析大量的数据，而要想提高预测的准确度，就需要使用大数据。这样的做法与 Endor 基于区块链的本质非常吻合。Endor 为用户提供了新的访问形式：大数据让预测更精准，而且所花费的时间也要短得多；区块链则提供了一个便于交互的平台。

很多人认为，如果不提前解密，就无法分析相关数据。然而，以区块链为基础的 Endor 改变了这种观点。因为有了区块链，即使 Endor 上的数据是加密的，也可以进行分析。此外，用户还可以通过 Endor 分享自己的数据，这些数据将成为 Endor 进行预测的重要素材。

当用户向 Endor 提交数据时，整个过程所涉及的敏感信息会被隐藏在哈希函数中，而且无法被其他参与方破译。这也就意味着，如果用户借助 Endor 分享数据，将不会受到其他参与方的影响。对于 Endor 用户来说，区块链可以保证数据是安全、有效的，不会被泄露出去。当然，这也是现在很多银行都在使用 Endor 的一个关键原因。

除银行以外，Endor 也得到了很多知名公司的支持和认可，包括沃尔玛、可口可乐、万事达等。随着 Endor 的日趋成熟，用户可以为很多事件做预测，并且使预测的结果具有很强的参考性。

总之，在预测方面，Endor 解决了结果不可靠、效率低、成本高的痛点，具有比较广阔的市场前景。而且，无论是个人还是公司，都可以从 Endor 享受相同的服务，获得相同的体验。

第 2 篇　应用篇
——理清区块链场景实战

第 4 章　区块链+社交：变革"双微一 F"

在互联网时代，社交是维系关系的重要途径。以微信、微博、Facebook 为代表的社交平台更是为用户获取信息提供了便利。此外，用户还会不断在社交平台上输出新的内容，这些内容也都是非常宝贵的财富。

如今，区块链受到越来越广泛的关注，并且吸引了一大批资本的青睐。作为现代社会中不可或缺的一部分，社交势必会与区块链结合在一起。这种结合不仅会变革社交平台的发展模式，还会改变传统的社交思维，让社交领域展现出新的景象。

4.1　区块链赋能社交

传统社交存在诸多问题。首先，社交平台会根据用户的浏览记录向其推送广告，而这些广告很多都是用户不希望看到的；其次，用户的行为会被中心化的社交平台监视，用户的聊天信息也需要在中心化的网络中经由服务器进行中转；最后，几乎所有的社交平台都会在没有经过用户允许的情况下使用其数据，而且用户不会得到这些数据所带来的经济效益。

借助区块链，上述问题可以得到有效解决。区块链将建立点对点的社交平台，在这样的社交平台上，用户不仅可以获得数据所有权，还可以通过创作内容和贡献算力赚取奖励，增强自己的参与感，而且用户与用户之间的互动也变得更加安全、可靠。

4.1.1　不向用户推送广告

用户在登录社交平台时，往往需要上传一些信息，而社交平台则会在第一时间将其记录和储存下来。对于社交平台来说，用户的信息是有很大用处的，其中最重要的一点就是：向用户推送精准的广告。

于是，用户在打开社交平台的页面时，就会看到各种各样的广告，这会对用户体验造成严重影响。所以一些公司就在思考，可不可以利用区块链打造一个不会向用户推送广告的社交平台呢？答案是肯定的，而且也确实有公司完成了这一项工作，Synereo 就是其中一个。

在以色列的特拉维夫，有一家名为 Synereo 的公司，该公司一直都希望可以利用区块链，把中心化的社交平台转化为去中心化的社交平台。带着这样的希望，Synereo 打造出了一个去中心化的社交平台，该社交平台与 Facebook 和 Twitter 有所不同，主要体现在两个方面：

1）无法将用户的隐私记录和存储下来。

2）不会向用户推送精准广告。

在 Synereo 的社交平台上，用户可以在自己的设备上运行节点并接入网络，从而实现节点与节点之间的实时互连。不仅如此，用户的隐私也会被加密记录和储存在网络节点中，形成一个分布云，而且这些隐私通常只有秘钥持有者才可以查看。

Synereo 的社交平台会在一定程度上补偿那些做出存储和算力贡献的用户，同时也会为创建和维护内容的用户提供奖励。通过区块链，Synereo 开创了与中心化社交平台完全不同的运作模式。具体而言，Synereo 的社交平台不仅将隐私的控制权归还给用户，还会补偿和奖励带有价值的用户。

有了这样的运作模式，用户的隐私就会更加安全，从而激励他们做出更多的贡献。Synereo 的社交平台不再是一个中央枢纽，而是变成了一个非常单纯的平台，一个可以让用户进行点对点交互的平台。

自亮相以来，Synereo 就是一个不通过收集隐私来变现的社交平台。无论是发送消息、图片、视频，还是发表文章，反正只要是用户之间的交互，就可以点对点进行。不仅如此，用户还可以发布一些收费内容，并通过 AMP（本地加密货币）收取一定的费用。

从架构层面来看，Synereo 更适合存储比较大的媒体数据。例如，视频、图像等。然而，在"技术堆栈"的助力下，Synereo 的社交平台可以在没有中央服务器的情况下，获得可扩展的分布式算力。

未来，Synereo 的社交平台计划部署全面运行的应用程序，而且这些应用程序都不会有中央服务器。此外，为了促进去中心化生态系统的进一步发展，Synereo 还激励广大创业者为其社交平台积极开发分布式应用。

利用区块链打造的去中心化社交平台正在变得越来越多，在这些社交平台的助力下，用户拥有了一个和之前完全不相同的社交体验。一方面，用户的隐私可以得到有效保障；另一方面，用户不再需要忍受那些莫名其妙的广告了。因此，对于去中心化的社交平台，绝大多数用户都是非常认可和喜爱的。

4.1.2　用户与用户绕过第三方直接交流

微信、微博、Facebook、推特是当下较为主流的社交平台，这些社交平台基本上都是中心化的。对于社交平台来说，中心化的模式有利于掌握用户的信息，同时为用户之间的交流制定合适的规则。但是这样的模式也存在一定弊端，例如，很难保证数据的加密性和安全性。

如果将传统流行的社交软件（微信、微博、Facebook、推特等）应用到区块链行业中时，会出现诸多阻碍：

1）依靠中心化的服务器传输给数据安全带来了极大挑战：通信信息、用户敏感信息常有被盗用及被泄露的事件发生。

2）用户隐私权和对数据的所有权被中心化平台控制：几乎所有的中心化平台都会在没有经过用户允许的情况下使用其数据，且用户不会得到这些信息所带来的经济利益。而且只要用户聊天数据需要在中心化网络中经由通信软件服务器进行中转，用户隐私与数据安全就不可能得到真正的保障。

既然中心化模式存在弊端，那么如何利用去中心化的思想去解决上述问题呢？所谓的去中心化，就是去除交易过程中的任何第三方参与者，交易双方直接进行沟通与确认。不难想象在许多情况下，去中心化的处理方式会更便捷，同时也无须担心自己的信息会泄漏。

其实，如果只考虑两个人的交易并不能把去中心化的好处完全展示出来。设想如果有成千上万笔交易在进行，去中心化的处理方式会节约很多资源，使得整个交易自主化、简单化，并且排除了被中心化代理控制的风险。

去中心化是区块链技术的特点，它无须中心化代理，实现了点对点的直接交互，使得高效率、大规模、无中心化代理的信息交互方式成为现实。

可见，区块链去中心化的模式展示出了极大的优势。从技术层面看，区块链是一个分布式账本的解决方案，可以将用户的信息记录和储存下来，并保证其不被篡改或者删除。

此外，有了区块链之后，用户在社交平台上的各种互动和行为，例如，发消息、发图片、发视频、分享文章等，都是点对点进行，根本不需要第三方的参与。可以说，区块链创建了一个没有第三方的、可信的、去中心化网络，为社交平台打造出全新的模式。

GChat 中文名叽喳（GChat Logo 如图 4-1 所示）是一个一站式的区块链综合平台，拥有即时通信（单聊、特色群聊）、项目中心、行情等板块，提供社交通信、圈子公众号及区块链行业资讯等功能，具体板块如图 4-2 所示。

在这里，拥有极具特色的单聊、群聊禁言以及全面的区块链学习、探索等功能，均为区块链用户量身打造。GChat App 以强大的功能汇聚区块链用户，构建行业内较为活跃的生态圈。

图 4-1　GChat logo

图 4-2　GChat 板块图

GChat 可以为用户提供实时通信，包括单聊、群聊等，如图 4-3、图 4-4、图 4-5 所示。GChat 利用去中心化的思想弥补了社交平台的弊端，消除了社交过程中的第三方，使用户直接进行沟通与确认。

图 4-3　GChat 消息界面

图 4-4　GChat 群聊界面

基于区块链去中心化的理念，GChat 通过去除中心化服务器的方式来做到点对点的直接信息传输。此外，GChat 还对信息进行端到端的加密来保证互动的隐秘性，并且为用户提供不设上限的群聊、阅后即焚等其他便捷功能。

通过 GChat 的案例其实不难看出，区块链有能力构建一个点对点的去中心化社交平台，进而为用户提供更加优质、高效的互动体验。这不仅有利于帮助社交平台吸引更多的用户，还有利于促进社交领域的健康与稳定发展。

图 4-5　GChat 群聊显示群成员昵称界面

4.1.3　加强数据管理，保护用户隐私

在社交主要依靠互联网的时代，数据和用户隐私似乎已经被暴露在

阳光下，任何个人或者公司只要通过一定技术手段就可以获取，由此引起的一系列连锁反应更是让人感到非常困扰。例如，因为数据泄露而导致的经济诈骗等。

于是，如何在社交过程中保护好数据和用户隐私便成为当下的一个热点话题。在传统的社交过程中，数据、用户隐私等重要信息都会被记录和存储在社交平台的服务器上。相关数据显示，知名社交平台Facebook 大约需要 180000 台服务器来记录和存储这些重要信息。一旦这些服务器遭到了不法分子的攻击，就很可能会造成重要信息的丢失。

以前文提到的 GChat 为例，其高度重视数据安全和用户隐私保护。GChat 借助同态加密、差分隐私等技术对上传的数据和用户隐私进行安全保护，并使用离散的方式将数据和用户隐私储存下来，这样有利于充分保证用户的合法权益。

此外，在 GChat 上，数据和用户隐私不再由单个机构来记录，而是由其中的关键节点共同参与记录，每个关键节点都有账本的完整备份。这种基于区块链的分布式记录让 GChat 具备高度的安全性和稳定性，数据和用户隐私也不容易被篡改。

GChat 将数据与区块链协议绑定，进行信任认证以及安全和管理的授权，旨在让每个用户都可以管理自己的数据，把数据的控制权归还给用户，让所有的数据贡献者都可以获利。

而且通过 GChat，用户能够在安全、平等、信任的前提下，共同分享数据、信息、存储、算力等资源，携手构建一个开放型资源存储共享生态圈。借助区块链，GChat 在传统社交的基础上对一些功能进行优化，以便更好地承载资源，使资源得以流通：

1）在发送语音时，可以左滑锁定，释放双手；右滑回听，确定表达无误。

2）群聊中加入了引用和聊天置顶功能，可以设置群内禁言。

3）通过群发助手可以一键把信息发送给所有群好友及 GChat 好友。

为了进一步加强数据管理，GChat 要求使用数据时必须满足认证协议并且经过数据所有者的授权。为了充分保护用户隐私，GChat 将访问权限交到用户手里，即通过用户自主设定的智能合约来确定是否可以访问用户隐私。虽然使用数据和访问用户隐私并不容易，但是 GChat 上的参与者都可以成为提取方，包括用户、项目方、公司、保险机构、金融机构等。

区块链让社交的去中心化成为现实，只要数据和用户隐私经过了严格的加密处理，而且不是被唯一的服务器控制，那其安全性就会有保障。未来随着 GChat 此类平台的发展，用户已经不会再受到社交平台的控制，而是可以自己掌握资源。

4.1.4 链信课堂借助区块链加强社区管理

区块链技术具有去中心化、开放性、自治性、不可篡改、匿名性等特性，依靠这些特性能加强社区的治理和自治。

GChat 战略合作的第三方平台——链信课堂，链信课堂 logo 如图 4-6 所示。为 GGS 超级孵化器、区块链全生态产业聚合联盟提供自由交流、知识分享的平台。

图 4-6　链信课堂 logo

大数据时代的到来，学习方式得到了三大核心的改善：反馈、个性化和概率预测。在此基础上，学习方式将带来三大改变：能够随时收集学习中的双向反馈数据；可以真正满足每个学生的个体需求，而不是为了一组类似的学生定制的个性化学习；可以通过概率预测优化学习内容和学习方式。

在这过程中，机构（培训机构）和讲师的功能将发生彻底的改变，机构将转变成为学生交流和沟通的社会化场所。讲师则不再需要照本宣科地讲课，而是作为学生和学习系统的重要连接者，倾听学生的学习需求，组织学生进行各种深入的讨论和交流。

链信课堂是为社区管理线上教育而生的内容创造平台，倡导终身学习理念，共建学习型社交网络。立足实用需求，拥有社区管理及链信课堂两大主要功能板块。

1．社区管理

社区管理模块可以实现讲师多群同步直播，同时，社区管理功能包括禁言、三分钟语音、语音左滑锁定右滑回听、群发助手、置顶、24小时撤回、禁止群内好友互加等功能，更快速、更安静地在社区内获取知识及相关动态，减少好友添加及刷屏骚扰。

另外，社区还可以设置多名群讲师、群管理员协作运营社区，全面解决社区管理及社区开课难点。

2．链信课堂

平台用户可以自主创建课程，开课分享知识，也可以听课学习。链信课堂联合行业专家、讲师、教育培训机构，汇集丰富的学习内容，包括系列课程、视频、音频等。课程丰富多样，涵盖自我成长、情感关系、职场提升、投资理财等各个方面，用户在平台可实现全面提升。

链信课堂官方指导讲师包装、推广课程，共同打造爆款课程，共赴知识盛宴，共享知识付费红利。

4.2　区块链变革微信

随着自媒体在我国的发展，朋友圈、智能推送等功能已日益成为我国社交网络中不可或缺的一部分。如何利用区块链改变自媒体的现状，是社交平台迫切需要解决的问题。

其实，在区块链的发展过程中，社交领域一直备受重视，而作为社交领域佼佼者的微信，自然会备受关注。虽然区块链和微信还没有真正结合在一起，但是由此会产生什么样的效果却是很多人都想知道的。那么，我们不妨来畅想一下，与区块链结合之后，微信将变成什么模样？

4.2.1　去中心化的身份校验及价值转移

"区块链+微信"，我们暂且称为区块链微信（虽然现在还没有这样的产品）是一个分布式应用，由在区块链上记录和存储数据的智能合约组成。借助区块链，区块链微信可以实现去中心化的身份校验及价值转移。

1．身份校验

在区块链微信中，所有活动、对话、行为都具有一定的价值。在这种情况下，如何对身份进行校验是必须考虑的重点问题。由于性质不同，微信和区块链微信的身份校验有所区别，具体见表 4-1。

表 4-1　微信的身份校验 VS 区块链微信的身份校验

微信的身份校验	区块链微信的身份校验
现有的微信属于中心化应用，其 ID 系统还不是十分完善，所以在进行身份校验时，不法分子也许会有机可乘。此外，微信采用的是中心化数据库，这就在一定程度上增加了用户隐私泄露的风险。	区块链微信的身份校验是去中心化的，其独有的"VerifyID"系统更加完善，可以防止不法分子做出不良行为，也有利于降低用户隐私泄露的风险。 此外，区块链微信可以通过智能合约来保证身份的合法性。一旦哪位用户的身份出现问题，区块链微信可以第一时间采取措施，并对其身份进行核实

2．价值转移

微信和区块链微信的价值转移同样有所区别，具体见表 4-2。

表 4-2　微信的价值转移 VS 区块链微信的价值转移

微信的价值转移	区块链微信的价值转移
假设小张需要把自己的钱转移给小李。此时，小张应该精准地减少这部分钱，而小李则应该精准地增加这部分钱。 　因为现在的互联网协议还不具备价值转移的功能，所以小张和小李之间的交易必须由一个"中心化"的第三方来进行背书。微信就是这样的第三方。 　作为第三方，微信需要对大量的价值转移进行计算，这其中涉及很多风险，如计算出现错误、系统的安全性难以保障等	与微信不同，区块链微信的计算能力更强，也具有更安全的系统。因此，在通过区块链微信进行价值转移时，用户之间的交易会比较可靠、高效。 　此外，区块链微信也会为用户提供公钥与私钥。其中，公钥相当于用户的身份，包括地址、朋友圈等重要信息；私钥相当于授权的密码（只有用户自己知道）。 　如果是经过私钥确认后才发出的交易，那么微信区块链就会对这个交易进行加密，并储存在分布式账本中。由于整个过程是不可逆的，因此不会有太大风险

由此可见，无论是身份校验还是价值转移，区块链微信似乎都更有优势。一方面保证了用户信息的安全，规范了不法分子的行为；另一方面省去了第三方，提升了消息的准确性。在这些优势的驱动下，微信与区块链的结合指日可待。

4.2.2　共识机制对微信用户产生影响

如果大资本可以轻松占据公链中区块共识的话语权，那么会有很多公链上的开发者和用户的利益无端受损。因此，为了更好地建设公链生态，微信需要注重共识机制的公平性。作为区块链的基石之一，共识机制会对微信及其用户产生一定的影响。

（1）声誉的重要性进一步提升

区块链会赋予用户一个持久的数字身份，有了这个数字身份，用户必须谨言慎行，否则就会对自己的声誉造成严重影响。此外，有了区块链以后，用户将不可以撤回/删除信息记录，如果违反的话，声誉也会有一定程度的降低。

由于区块链会将声誉储存下来，并全网广播，因此每一位用户都会非常重视自己的声誉。而且如果声誉遭到损坏，用户的社交行为就会受到一定限制，同时还需要花费很大的时间成本去进行重塑。在这种情况下，声誉的重要性会大大提升。

（2）群组将过时

作为一个点对点网络，区块链会在一定的情况下，对相关人进行广播。这样的做法不仅解决了信息不对称的问题，也在一定程度上保护了用户的权益。因此，用户再也没有必要去建立群组了。

（3）仲裁员得到良好发展

过去用户在微信上购物、订外卖、买机票是不需要仲裁员（即中介机构）的，因为微信已经做了前期的精心筛选，这些公司比较值得信赖。不过如果是微商的话，则需要仲裁员的帮助。仲裁员会对产品的整个流程进行监督，并将所有的信息记录和储存在区块链上，而且无论是谁都无法随意篡改，这样就可以保证送到用户手中的产品的质量。

4.2.3　让微信诈骗难上加难

如果利用信息进行一些诈骗行为，微信会有相应的解决方案。具体地说，微信会对用户上传的信息进行审核，如果审核不通过，该信息就不会显示出来；如果审核通过但用户对信息持有怀疑态度，用户还可以投诉，根据信息的不同类型，微信官方会在 3 天内向用户反馈处理结果。

在这样的解决方案下，不法分子要在微信上做出不良行为将非常难，而有了区块链以后则会变得难上加难。当区块链与微信结合在一起之后，智能合约就会将不合格的信息或者敏感信息过滤掉，整个过程不需要太长的时间。而且如果有漏网之鱼，下一个智能合约还会继续对其进行审核。

这种智能合约相互嵌套的模式，不仅能保证信息的准确性和真实性，还可以有效打击不法分子，使其没有立足之地。此外，区块链会将微信上的信息记录和储存下来，因为用户都有固定的数字身份，所以只要出现有问题的信息，那么其背后的不法分子就会被迅速发现。所以在区块链的助力下，如果要在微信上发布虚假信息或者进行诈骗，肯定比之前难得多。

4.3 区块链变革微博

微博（这里特指新浪旗下的微博）是一个中心化的社交平台，由新浪负责管理和运营。新浪会为微博制定规则、提供服务器、对外宣传推广、吸引和留存用户等。新浪如此重视微博的发展，主要是为了招揽广告业务，从而获得更丰厚的经济收益。

如果区块链将微博变成一个去中心化的社交平台，那么就意味着所有的用户都可以共享经济收益。此外，微博环境也将越来越好，用户的言论也将更有价值。由此可见，在社交领域，区块链可以变革微博，帮助微博解决问题。

4.3.1 中心化微博的两大问题

现在微博的操作流程大致是这样的：发布者编辑内容并上传到微博，微博将内容推送给用户，用户可随时浏览和查看内容。因为微博有广告业务，所以用户在浏览和查看内容时会出现一些广告。为了发布和增强广告的曝光度，广告主会支付相应的费用。

毫无疑问，这样的操作流程是中心化的，其中存在两大问题。

首先，内容的真实性和准确性难以保障，很可能会误导舆论方向。

作为微博的中心，新浪具有比较大的权力。因此，新浪可能会为了自身利益而做出一些不好的行为。例如，对热搜进行销售、疏于对内容的审核等。如果在微博上出现了一些虚假信息，那么用户将会被误导，舆论方向也会受到一定影响。

其次，新浪和大 V 掌握微博的经济收益，用户（普通用户）得不到足够的激励。

大 V 将自己创作的内容发布到微博上，并因此吸引了一大批用户，这些用户就意味着流量。当大 V 有了越来越多的流量之后，就会受到广告主的关注。广告主为了宣传产品会支付费用，但是这个费用没有到用户手中，而是到新浪和大 V 手中。

在这个过程中，新浪和大 V 确实做出了一定的贡献，例如，对微博进行开发和维护、创作相关内容、为产品做推广等。但是对于同样做出贡献的用户来说，这样的分配方式就显得并不公平。用户浏览了内容，有时还会点赞或者给出有价值的评论，为微博带去了活跃度。但由于无法获得经济收益，难免会有不满情绪，所以偏向一方的分配方式应该被改变。

4.3.2　净化微博环境，保证内容的真实性

微博上经常会有"儿童被拐卖""继父/继母虐待孩子""老人因为生活无法自理，被儿女驱逐出门"等内容，这类内容通常会被大量转发，引起广泛关注。但是如果其中夹杂着虚假信息该怎么办？当然网警只需要调查微博的操作记录，然后顺藤摸瓜，找到发布者，并将其绳之以法。

借助区块链，整个过程可以得到进一步优化。在去中心化的微博中，区块链会自动记录所有的内容、数据、信息，一旦有需要就可以迅速对其进行追根溯源。这样不仅可以规范用户的行为，还可以避免谣言的传播，使微博环境得到净化。

虽然这种追根溯源是事后才进行的，但是依然有威慑力，可以在很大程度上保证微博内容的真实性。正所谓，言论自由没有问题，不过你必须为自己发表过的言论负责。

总而言之，去中心化的微博是一个独立的个体，具有比较强的自主性，其程序代码也全部是公开、透明的。在这种情况下，要想去篡改和影响微博的规则将十分困难。

4.3.3　用户共享微博创造的经济收益

在现行的法律框架内，基于区块链的微博可以让用户创造内容，然后自己负责分发内容。这种方式使得用户在内容创作上更自由，更能激

发他们的热情和积极性。优质的内容是微博获得发展的重要因素，也是微博获得经济收益的有力保障。

但是现在，微博上的内容创作却存在一些问题，这些问题严重抑制了用户的激情。内容最明显的特点就是碎片化，因为它缺少体系化的机制。不管用户发布质量多高、关注量多大的内容，流量带来的价值也会通过微博的广告间接被转化，用户很难得到回报。

微博缺乏对用户的激励是导致用户积极性降低的重要因素，同时这也会导致内容数量和质量的下降。没有了优质的内容，微博也难以运营。微博需要投入大量的资源，依靠软文、广告等方式实现变现，这样的运营模式会让微博投入更多的成本，同时经济收益也会降低。

如果在微博运营的过程中，用户可以获得同等价值的回报，那内容就会源源不断地出现在微博上。例如，微博开发出微币（基于区块链的数字货币），将微币奖励给输出内容的用户，那么其他用户也会受到影响，从而更加积极、主动地去为微博做贡献。

GChat 就独创了一套激励机制——金典动源。金典动源可以用于优先参与 GChat 的所有活动以及通过通证兑换中心兑换主流数字货币等。通过使用 GChat 的 App，用户可以进行签到、分享等行为，并据此获取金典动源，拥有金典动源就能共享区块链生态产业。

在激励方面，GChat 让用户和社交平台共享经济收益。通过这样的方式，社交平台与用户都可以获得相应的回报，从而形成一个完整的内容生产与传播的激励机制。

4.3.4　帮助微博平衡内容与广告，优化体验

在去中心化的微博中，广告的数量和内容的选择将与用户息息相关。如此一来，新浪就可以更好地将用户、广告和内容连接在一起，形成"广告附着在内容中、内容为广告创造流量、用户为广告和内容带来价值"的局面。这样的局面有利于优化用户体验，促进微博的发展。

当然，去中心化的微博现在还处于构思的状态，距离成为现实还有一段路要走，毕竟微博的用户比较多、数据量比较大。但是当区块链进入社交领域之后，去中心化的社交平台一定会出现，前文提到的 GChat 就是一个很好的例子。

还有需要注意的是，区块链对微博的变革不是颠覆性的。也就是说，除了保证内容的真实性、改善经济效益分配、平衡内容与广告以外，区块链并没有为微博带去其他更大的优势。因此，对于区块链与微博的结合，我们可以抱有希望，但是不要抱有超预期的希望。

4.3.5　谁来开发和运营去中心化的微博

既然去中心化的微博可以成为现实，那么谁来对其进行开发和运营呢？

在开发方面，新浪不太可能成为负责人。之前，作为微博的唯一中心，新浪已经获得了丰厚的经济效益。但是去中心化的微博并不需要唯一中心，这就使得新浪失去了原有的身份，所以也就不太可能承担开发工作。

就目前的情况预测，去中心化的微博可以采取这样的开发方案：由最初的开发团队抽取数字货币作为回报，等到去中心化的微博发展到一定阶段时，再将数字货币转换成法定货币或者其他有价值的东西。

在运营方面，目前尚未有好的策略。因为在运营去中心化的微博时，规则的优化和调整是无法避免的，功能的增加和删除更是必须做到位。然而，在去中心化的微博中，所有的程序代码都是公开、透明的，要想对其进行变动就必须获得 51%以上参与者的同意。但是因为参与者众多，所以要达成这样的目标几乎不可能。

另外，微博中的数据是海量的，目前单节点难以承担其储存任务，因此，要想区块链发挥更大的作用，还应该不断进行技术升级。对于开发和运营方面的问题，现在并没有确切的答案，但随着区块链的发展，相信以后会迎刃而解。

4.4　区块链变革 Facebook

现阶段，全球范围内区块链的发展还处在初级阶段，很多人对区块链的价值认识还不够完整，也就导致了区块链目前的生存有很大的争议。尽管如此，国内外的互联网巨头们依然用他们长远的眼光着手布局区块链。本节就以 Facebook 为例，介绍它是如何通过入局区块链，带来一场社交领域 27 亿用户的巨大变革。

4.4.1　Facebook"数据门"值得深思

Facebook 的"数据门"事件起因于媒体的曝光——该平台近五千万名用户的个人信息被一家名为"剑桥分析"的公司所泄露。

首先，此次 Facebook 将用户信息泄露的主要原因是因为其商业模式存在问题。该公司利用的是用户个人信息的共享来驱动广告业务的运营，它未能正确保护用户信息的隐私性。并且，用户信息数据共享是 Facebook 的核心竞争力——平台通过牺牲用户信息数据为代价，计算出高于其他竞争对手的用户偏好值，所以平台并没有办法去解决这个问题。用户隐私数据包括共享社交网络信息、昵称、性别、通信录好友、教育、工作经历等。所以，只要 Facebook 依然利用用户隐私数据来驱动广告业务的运营，就还是会出现用户隐私信息被过度利用的事情。正如其首席安全官亚历克斯·斯塔莫斯提出的观点一样，"剑桥分析"公司并非数据泄露，而是他们使用这五千万人的个人信息是对隐私的侵犯。

其次，Facebook 一直在为"数据门"所带来的后果承担责任。美国联邦贸易委员会也曾对其隐私数据保护工作展开调查。Facebook 在声明中也诚恳地表示他们会坚定地致力于保护用户的信息数据安全。

据媒体报道，该事件的主要责任在于，第三方"剑桥分析"公司未经Facebook 用户允许就访问了他们的通话记录与文本历史数据。而Facebook 则在回复中称，他们所收集的数据不包括通话记录、短信内容或历史数据，也同样没有出售给第三方。至此，美国联邦贸易委员会对 Facebook 的调查才告一段落，但该事件在世界互联网范围内引起的轩然大波值得所有人深思。

最后，由于 Facebook "数据门"事件，导致了全球社交平台用户隐私数据在管理方面都受到了挑战。一家第三方数据风险管理公司的总裁曾经表示，这起事件暴露了一些互联网社交平台以往就存在的数据隐私和安全问题。这些问题显然不是刚产生的，但 Facebook 将它提到明面上来了。

互联网时代，人们生活在一个由网络、平台和数据联合驱动的世界里。因此，第三方隐私数据信息风险管理至关重要。随着越来越多的互联网公司利用社交平台推进用户与业务之间的关系，公司必须制定出完善的管理方案，才能确保用户隐私与数据的安全。

4.4.2　利用区块链进行身份验证

"数据门"事件已然将 Facebook 推上了风口浪尖，其高层管理人员也一直认为他们得到了不小的教训——如果平台使用的是分布式系统，则他们只有将用户的信息数据授权给第三方机构，才能更好地提升用户体验。但其中存在的问题是：用户并不清楚真正泄露数据的其实是第三方机构。在某种程度上来说，当事情发生时，追究大公司的责任要容易得多。

所以，为了解决这一矛盾，Facebook 工作人员讨论认为，用户可能不需要中间商，公司必须改变系统模式才能使用户的信息数据更加安全。但要改变现有系统模式，Facebook 将面临去中心化带来的技术挑战，即使他们现有的分布式计算水平相当高，但计算密集型的分布事物更难进行。

为此 Facebook 的创始人扎克伯格决定结合新的技术手段，发展区块链应用，并将区块链用于身份验证，以防止类似丑闻再次发生。扎克伯格还在采访中提到，他们一直在围绕着身份验证展开研究，希望可以利用区块链技术，能将用户数据授权给不同的服务。

现阶段，要想在 Facebook 进入其他网站，用户需要使用 Facebook Connect（一种可以让用户通过其他网站连接自己 Facebook 账号的技术），每当用户在客户端登录时，该社交网络都会对其进行身份验证。但在未来，这种登录技术可能会被区块链技术所取代。通过区块链技术，Facebook 可以将用户的个人信息数据存储在分布式网络上，并且可以选择不通过第三方就可以登录。由此，可以看到区块链技术也将为 Facebook 带来登录服务上的变革。

有了区块链技术的支撑，Facebook 用户在其他网站注册或登录就方便了许多。对于公司的平台来讲，基于区块链技术的分布式网络不仅提高了社群隐私程度，还能通过原有的登录网络服务直接获取用户数据。

扎克伯格还对其做出了解释：当去中心化的分布式网络将个人隐私储存起来以后，用户就可以在任何的节点选择登录，并不需要通过第三方平台。但这也产生了一个弊端，那就是 Facebook 很难以一种比较高效的方式对一些恶意用户进行监管。不过，随着未来区块链技术的发展，以 Facebook 为代表的互联网公司将探索到一条既能保护用户隐私又能方便监管的道路。

4.4.3 Facebook 开启全球加密支付计划

随着对区块链研究的不断深入，Facebook 也正在筹备关于全球加密货币的支付系统项目。Facebook 已经与多家大型金融公司、电子商务公司合作，例如维萨卡（VISA）和万事达卡（MasterCard）等，准备利用其全球顶尖社交平台的优势推出加密货币的支付系统。

在 Facebook 提出的概念与计划中，Facebook 的用户不仅可以在其自身社交平台上进行交易，甚至还可以在整个互联网上购买商品。不仅如此，平台还计划将该系统嵌入到中间网站和应用软件里，就像目前很多网站与应用软件都可以直接使用其账号登录一样。由此可见，Facebook 推出的加密货币可能不仅与美元相关，更可能将与其他多种法定货币挂钩。

不可否认的是，扎克伯格非常清楚区块链虚拟货币将会给 Facebook 带到怎样的高度，而他们推出的加密支付项目也会利用加密货币为电子商务带来全新的未来。当加密货币落实到实际应用中，平台用户在购物交易时，既享受了没有汇率差价、手续费的优惠，又能感受到实时转账带来的高效率。在这个发展过程中，社交网络正在一步步将电子商务容纳进来，使"一站式"购物不再是空谈，而且传统的支付手段早已不能满足市场需要，必须通过加密货币来实现。

Facebook 认为，如果加密货币在他们的各种应用软件中使用，还会吸引更多的品牌商在其平台上投放广告，从而为公司带来更多的利润。

Facebook 想要摆脱当前传统的广告商业模式的最佳方式就是选择区块链。但为什么 Facebook 在推行加密货币的支付系统项目时需要和传统金融公司合作呢？原因依然是目前基于区块链的虚拟货币普及度不高，而传统金融系统里的客户有足够高的信任度，能为其以后的推广与发展打下坚实的用户基础。

Facebook 同样拥有自身用户量的优势——其现在旗下的 Messenger、WhatsApp 与 Instagram 三款应用软件在全球范围内共拥有 27 亿的用户量。前文也提到过，这样的用户量相当于全球互联网总用户量的一半，如果他们都通过 Facebook 旗下的应用软件使用加密货币进行交易的话，那么极有可能给全球的电子商务带来系统性的变革。

第 5 章　区块链+流媒体：创新音乐与视频

伴随着国内网络的普及，听音乐、看视频成为大众生活中不可或缺的娱乐消遣方式。流媒体市场面对巨量用户的涌入，机遇和挑战并存。但这个行业中一些缺陷再次暴露出来，如视频网站运营成本高、版权管理有疏漏、视频审核机制不完善等，并且这些缺陷在全球普遍存在。

这种情况基于现有中心化的基础设施和经营模式是无法解决的。但区块链的发展为解决这个行业中的问题提供了可能性。下面就介绍区块链在流媒体行业的应用及思考。

5.1　区块链冲击视频流媒体

随着区块链技术的发展，越来越多的科技型公司都投入研究，甚至政府部门也同样重视区块链技术的应用，同时它确实为我们带来了很多改变。

区块链技术从刚开始进入大众视野到现在已经经历了许多考验，虽然目前区块链技术主要是在数字货币中使用，但是已经有很多互联网公司正在测试其在其他领域的应用。

拿视频流媒体来举例。收视率下降、奖励制度亟待优化、盗版作品泛滥等问题都影响了视频流媒体的发展，同时也使用户怨声载道。

因此，公司纷纷想利用区块链技术寻求解决方案。有许多公司正在经营自己的分布式网络，用于内容的创建和发布。这些网络由区块链技术提供动力，鼓励用户自行成为原创内容发布者，并以代币的方式奖励用户，然后这些代币便可以用来查看新的内容。

这些以社区为基础的视频发布平台正在彻底改变视频流媒体行业，就像当年视频流媒体服务对视频租赁业发起挑战那样。

5.1.1　NFL：收视率下降与非法文档共享

随着互联网的发展，视频流（Video Streaming）在过去十年里像一匹黑马一样闯入人们的视野。像 Netflix 这样的视频流媒体公司几乎是单枪匹马地打败了原来的各大视频租赁公司。

近些年来有数据显示，美国国家橄榄球联盟（NFL）的收视率正逐年下降。2015 年，在美国受到热烈追捧的 NFL 比赛的直播观看人数为1790 万，而在 2016 年，相同时间段内观看人数下降了 8%，也就是1650 万。与 2016 年相比，2017 年的收视率持续下降，在各黄金时间段，都有 5%～19%的下降幅度。

为什么如此平民化的体育运动，观众人数会下降得如此之快呢？有些人把这归咎于比赛本身有拖延时间之嫌，人们过早失去了兴趣。另一些人则从观众角度找问题，他们说这是因为人们越来越不喜欢用电视媒体这种形式来观看节目了。

确实，传统的有线电视频道收视率持续下降是因为大众都在向随时可以观看的视频流媒体靠拢，人们的生活节奏加快，尤其是大城市白领、学生这类年轻人，喜欢利用"碎片时间"来观看视频，而不会像以前那样守在电视前面观看节目。

这些解释是有一定的道理的，但其中还需补充的一条便是非法的视频流媒体对有线电视造成了影响。视频流媒体的非法文档共享网站可以吸引大量的观众，但由于其中只包含了一个主机，所以它只会算作一次观看，这才是导致收视率迅速下降的主要原因。

不止美国，在全球，视频流媒体的非法文档共享对传统电视媒体产生了不小的冲击。为了解决这个问题，视频共享网络利用区块链驱动，建立起了健全的安全协议和防火墙，防止内容被窃取。

事实上，因为平台运行在一个公开的分布式账本上，因此其中不存在任何秘密——平台的去中心化可以带来最高层次的责任体系。原创内容创作者和观众都将在网络社区内运作，允许他们一起制作和消费视频。所有内容共享都会在一个去中心化的、自由的环境中进行。

5.1.2　集中式服务器带来的权利问题

诸如 Netflix 这样的公司已经改变了全球观众观看视频的方式，它的发展带动了很多平台的诞生。例如，YouTube、Hulu、抖音等。由于这些平台在集中式的服务器上运行，所以都存在几个明显的缺点。

首先，内容在中央服务器上存储和分发，导致事务成本非常高。各大平台每年收取的订阅费和个人购买费比较高，已经超过了有线电视的费用，具体情况取决于使用的服务。

其次，使用集中式服务器的公司还可以控制发布者发布的内容。Netflix 用户并不能真正地观看他们心中想要观看的所有东西，他们必须观看平台推送到首页的内容——就像有线电视台一样。

但以基于区块链的平台 Flixxy 为例。它提供去中心化的内容共享，由于分权免去了中间人，创作者或发布者可以在对等环境中直接与观众进行交易，这可以明显降低事务成本。

创作者将作品上传到该平台，并建立自己的收入模型，例如，用于观看内容的代币以及分配给发布者代币的比例。观众可以通过制作自己的内容或观看赞助商的内容来赚取代币，Flixxy 也允许他们贡献更多的观看量。

视频流媒体的自主权让创作者（生产者）和用户（观众）都可以访问和分享他们喜欢的内容，将内容代币化，并促进优化其质量。这样的系统以激励双方的方式运作，这意味着观众为他们喜欢的内容付费。反过来，也会鼓励生产者继续创造令人满意的内容。

利用上面提到的区块链技术，平台允许用户获得代币和使用代币，所有这些都是为了创建和查看更多内容。区块链技术允许这些公司独立运作，免去许多干扰。

视频流媒体行业是应用区块链技术最好的行业之一，近年来，行业环境竞争激烈，越来越多的公司试图引入区块链技术以提升自身的竞争优势。

5.1.3　优化视频网站的激励制度

传统的网络视频分享应用主要采用的是 C/S（客户机/服务器）模式来提供服务的，公司将所有的视频资源都上传至服务器集中管理。这种模式会导致中央服务器出现负载过重、系统资源开销大、维护成本高、性能差等问题。

为了解决上述 C/S 模式带来的问题，有关专家提出了 P2P（Peer-to-Peer，即点对点）流媒体这种新型的流媒体系统结构。

然而在 P2P 系统中，并不是所有的人都愿意将自身所拥有的资源贡献出来，这就直接导致了网络中出现大量只从系统获取资源但不贡献资源的搭便车人，使得 P2P 系统的优势不能得到充分发挥，所以有必要使用激励机制来提高 P2P 流媒体系统的性能。

一种比较常用的激励机制是采用虚拟货币，但存在中心化问题。因为该激励机制通常需要依靠中央服务器完成整个系统节点间的支付行为。这种激励方式除了会增加中央服务器的压力，还会涉及数据的篡改、丢失以及备份等问题。

但区块链技术可以应用到虚拟货币激励机制中，因为它本质上是一个公开、透明的分布式数据库账本，具有去中心化、透明性、不可篡改和分布式存储等中央服务器所不具备的特性，完整地记载着所有虚拟货币交易的记录，帮助视频网站优化激励制度。

5.1.4　完善视频审核机制

从目前情况看来，由于短视频容量较小、数量较多的特点，并且有很多短视频是经过编辑加工或者剪辑上传到服务器的，再加上人工审核时间不够，所以导致短视频平台的作品侵权情况严重。

鉴于这种情况，视频流行业设计了一种基于区块链技术的短视频媒体文档侵权快速检测审核的方法。从视频源认证和对比方面着手，对待检测短视频文档根据其特征信息进行快速采样、对比，最后对其权属信息进行区块链存储，方便平台以及审核部门对短视频盗版以及违规短视频文档进行审核。

当区块链技术应用于视频流行业时，将拥有以下特征。

1）盗版洗稿维权不再难。拿"媒体大脑版权区块链"举例。它是首个被互联网法院认可的版权区块链，可以说是最具公信力的版权区块链之一。借助"媒体大脑版权区块链"，作者可以轻松地将自己的版权作品进行确权。并且通过全网监测系统，作者还可以便捷、高效地知道自己作品的传播情况。一旦发现侵权行为，作者可以使用电子取证方式进行取证。侵权者一系列的行为都将在区块链技术的支持下，执行关键环节数据实时上链，形成不可篡改的有效证据。在发生纠纷时，通过授权法院可直接调取相关证据快速审判。

2）AI（人工智能）内容风控：攻克视频审核难关。在数字媒体时代，视频审核一直是个难题。但 AI 内容风控服务基于深度学习，多模态理解涵盖人脸核查类，敏感标识类，色情、恐怖、暴力类等，可以显著降低内容风险，节省审核人力（如图 5-1 所示）。

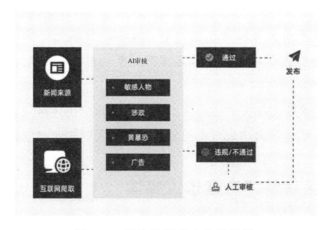

图 5-1　区块链智能审核流程图

该发明的技术效果在于：检测违法、违规短视频效率高、速度快；对经过编辑的待提交短视频文档同样可以进行快速审核检查；改善了视频审核机制，降低了人工成本，提高了审核效率。

5.1.5　降低视频网站运营与维护成本

视频网站使用区块链技术可以降低成本，具体表现为以下 3 个方面。

1）降低了协调成本。区块链分布式系统技术实现了数据的真实性、透明性和完整性，通过区块链特有的共识机制，保证系统的真实性以及可信赖性。

2）降低了人工成本。区块链技术减小了视频网站运营的多方协调维护，减少重复劳动的人工成本，整个视频流行业的运行成本都有望大幅降低，效率也将大幅提高。

3）降低了政府的监管成本。透明的分布式系统确保数据的不可篡改以及真实性，监管这些数据的过程其实很大一部分转交给了社会，这样不仅降低了监管部门的工作量，还进一步提高了监管的便利性。

区块链系统基于分布式账本对资源配置的过程进行智能化的控制和监督。如通过智能合约，提前制定好触发条件，设置激励对资源配置情况进行控制，鼓励参与者在经济活动中尽量降低资源使用成本，减少无效率的经济活动，最重要的是可以使自己闲置的资源最大程度地获得收益。

区块链技术虽说可以帮助我们节省成本，提高交易的效率，但是区块链至今还没有完全成熟，本身运作都需要耗费巨大的成本，存在着区块容量大、高耗能等问题。

区块链技术的顶层技术还需要改善，但是对于上述区块链技术的应用来说，未来区块链技术将为市场的发展带来重大的改变和创新。

5.2　区块链冲击音乐流媒体

把区块链与音乐流媒体相结合，将会对音乐流媒体产生深远的影响。首先，可以实现粉丝经济最大化；其次，强化数字音乐版权管理；最后，帮助创作者实现完全创收。在这样的趋势下，很多专门为音乐流媒体服务的区块链平台开始出现，并产生了不错的效果。

5.2.1　实现粉丝经济最大化

通过区块链发行代币，然后搭建一个底层的消费平台，粉丝就可以在全球范围内使用相同的专属货币来购买与自己偶像相关的产品和服务。这样的做法可以降低中间环节带来的成本，从本质上实现了粉丝经济的最大化。

韩国的一些公司把区块链运用到音乐流媒体中，推出了首个为粉丝提供支付服务的区块链音乐平台——ENT 平台。该平台曾经为 T-ara（韩国女子偶像组合）发行了 T-ara 币，除此之外，该平台还与其他明星进行了签约。

ENT 平台的主要目的是让全球的粉丝能够更好地接触自己的偶像，稳固和增强粉丝对偶像的黏性，帮助偶像吸引粉丝。

如今，国内也出现了一些与音乐流媒体相关的区块链产品，但是这些区块链产品引起了不小的争议。例如，某公司发布了一款专属于年轻男子偶像的区块链产品，这款区块链产品完全基于以太坊虚拟机，没有任何主链计划，这对于粉丝来说无疑是空头支票。因此，为了净化区块链市场环境，监管部门很快就对这款区块链产品颁布了禁令。

要想让区块链在粉丝经济上产生更大的作用，需要各方共同努力。监管部门必须加强监管，对不符合法律规定的区块链产品要明令禁止；偶像应该自律，为粉丝做出良好的表率；区块链公司要增强责任感，加强对区块链产品的打磨和管理。有了各方的助力，粉丝经济的发展会进入稳定期，音乐流媒体也将展现新的"面貌"。

5.2.2　强化数字音乐版权管理

在当今时代，音乐偶像和音乐公司众多，版权归属和版税支付成为亟待解决的难题。由于管理不到位，音乐作品的版权很容易受到侵犯。区块链的可追踪、可记录、公开、透明等特点恰好可以加强音乐作品的版权管理。例如，借助区块链技术，版权所有者可以对版权进行追踪，并通过时间戳来对自己的所有权进行认证。

另外，通过创建网络对等数据库，区块链可以注册、识别、追踪分布在各节点上的音乐作品，明确音乐作品的版权，从而保障版权所有者在每个环节的版税收入。例如，全球最大音乐平台之一 Spotify 收购区块链初创公司 Mediachain，以实现自身在区块链领域的布局。

Mediachain 通过提供开源对等数据库和协议的方式，将版权与音乐作品连接在一起，这种方式能够保证所有的音乐作品都可以追踪到创作者和版权所有者。另外，Spotify 通过合理途径支付版权费用，有效缓解了音乐平台与创作者和版权所有者之间的矛盾。

Spotify 的客户端中有"Show Credits"模块，通过这个模块，用户只要单击音乐作品，就可以清晰地看到该音乐作品的所有信息，例如，表演者、作曲者、制作人等。借助区块链，Spotify 不仅解决了版权和版税的纠纷问题，也充分保证了创作者和版权所有者的权益。

现在已经出现了很多与 Spotify 相似的音乐平台，例如，麻省理工学院的 Media Lab 与伯克利音乐学院共同打造了一个音乐区块链项目。该项目获得了三大版权公司英特尔、Spotify 和 Netflix 的支持和帮助。在不久的将来，区块链技术将在音乐流媒体中迎来重要的转折。

5.2.3　帮助创作者实现完全创收

一般来说，音乐作品的收入需要经过第三方才能到达创作者手中，包括，词曲版权代理方、录音版权方和音乐平台。当然，用户付费欣赏音乐作品也同样需要经过这些第三方。版税运营采用的是保底分成模式，每一个第三方的信息都是不公开、不透明的。因此，有很大一部分收入根本无法到达创作者手中。

区块链可以实现音乐作品的创作者与用户之间的点对点交易，也就是说，创作者可以省去不必要的环节，直接在区块链中发行音乐作品并获得收入。与传统的版税运营相比，这种创作者与用户之间点对点交易的模式更有利于音乐作品的创作和推广。

利用区块链去中心化的特点，可以有效解决如何帮助创作者实现完全创收的问题。音乐平台 Voise 是全球首个承诺创作者将会获得 100% 音乐作品收入的平台，该平台利用区块链去中心化的特点，省去了第三方的参与，实现了创作者与用户之间的点对点交易。

在 Voise 上，创作者可以上传自己的音乐作品，并通过区块链将其发布出去，用户看到这个音乐作品以后，可以通过付费的方式获得其权限。用户支付的所有费用会直接通过区块链系统到达创作者手中，从而帮助创作者实现 100%创收。

Voise 推出以后，迅速吸引了大量创作者的加入。目前，该平台已经形成了一套独特的运营模式：创作者通过付费的方式来增加自己音乐作品的曝光度；创作者可以兑换并获取少量交易费用；要想更好地享受服务，创作者和用户需要支付少量的手续费。

区块链使音乐作品的版权和版税得到了保护，交易的中间环节也变得公开、透明。对于创作者，尤其是创作者新手来说，这无疑为自己的合法权益提供了坚实保障。相关数据显示，每年音乐作品版税的流失高达数十亿美元，区块链改善了这一状况，并建立起国际化的版权数据库。在未来，区块链将为创作者和音乐作品带去更多的优势。

5.3　区块"链"上抖音

短视频作为一种新型的内容传播方式是未来区块链进入新媒体行业发展的突破口。据悉，自微博短视频博主的爆发式增长，把短视频推上了新一轮的热度高峰。

目前，各短视频平台，例如抖音，也逐渐运用了区块链技术，利用它去中心化的性能，为用户推送想要关注的内容，并且还满足用户的数据隐私需求。当区块链撞上抖音，这两大风口碰到一起必然会形成一股飓风。

5.3.1　优化审核系统与模式

据了解，类似抖音这类短视频发布平台，用户上传视频后都是由后台人工进行视频内容审核的。后台主要关注的就是：发布的内容是否违规、视频内容是否清晰、题材是否比较新颖等。

这很容易出现因为审核不到位，导致不良视频发布。如果出现血腥、暴力或是抹黑英雄等视频的上传，由于抖音用户群体基数太大，会在社会上产生不好的舆论与影响。

如果区块链加入的话，利用这种技术，抖音在审核系统和模式上的漏洞就会得到很大程度的修复。

区块链上的数据都是通过相应的算法转换成代码符号，那么在解决抖音视频审核的这个问题上，公司在 APP 后台可设置两个个人社区中心：一个是普通中心用于存放上传的小视频，另一个是区块链中心。

这个区块链中心，就是用户将视频进行数字化的地方。用户将视频提取到区块链中心，系统通过提前设置好的算法机制进行内容转码，审核系统内置相应的审核机制。

在审核机制里面，程序需要设置一些不能通过审核的代码，称之为违规码（例如，影响社会健康、道德、法律等相关内容），视频码只有完全避开违规码方可通过审核。

这样一来，抖音就利用区块链技术大大降低了视频审核成本，并弥补了人工审核的漏洞。

5.3.2　维护抖音算法

区块链技术有可能在将来会成为维护抖音算法秩序的规则防线。长久以来，抖音一直存在两大制约其健康持久发展的痛点：一是视频版权，二是内容合规。

前者经常出现优质原创作品被盗取商用，作者得不到回报的问题。日前，就出现了一个关于抖音视频被侵权的新闻，"抖音短视频"诉"伙拍小视频"纠纷成为北京市互联网法院成立后受理的第一案。

区块链是一个新的互联网体系，很可能会成为一个新的连接，通过其加密算法去连接创作者、传播平台和消费者，让抖音作品从产生、传播到最终消费的各环节更加安全，最终形成健康有序的算法时代新秩序。

区块链技术将这些产品以及个人用户的数据推送到一个"区块"上为用户提供访问，以此来增加供应链的透明度，同时还大幅度提高了内容创作者、传播者和侵权者的风险。他们在平台上活动时，其他用户将可以及时甄别。就算换个 ID 名称，也没办法修改自己在链上的信息，提高了平台的安全性。

在抖音社区里，每个人都可以录制自己的短视频，如果加上区块链的功能，每一条视频的数据都可以上链作为版权源，那么盗窃视频的情况就不会如此猖獗了。

可以想象，在未来，基于区块链的相应思路和具体技术体系，再加上一些具体的内容规则及应用标准，我们能够达成一个共识。理想状态是，任何一个原创发布者，只要按照相应的合规内容标准在产业内、在不同细分领域内、在不同区块上发布创作声明，就能得到整个区块的共识，所有参与人员都能看到创意的流通指向。

这可能会对整个抖音算法的规则秩序产生巨大影响，也会促进其健康有序地向前迈进。

5.3.3　分布式"笔录"机制

在抖音短视频发布平台，如何才能确保所有违规的内容都被过滤掉呢？针对这个是否覆盖全面的问题，本书提出了一个分布式"笔录"机制。

　　简而言之，就是每个用户都有一个记录中心，只要用户浏览过的小视频都会在他的记录中心自动留下痕迹。如果用户浏览到一些个人觉得令影响社会健康的视频，可手动添加标记。假如某个视频一旦被一个用户标记，那么这个视频就会被"暂留"。处于"暂留"状态的视频暂时无法播放，需要通过后台审核确认是否健康，如果认定为不健康视频，那么随即将此视频码加入违规码库中。

　　这能解决一个什么问题呢？就是违规码库在不断扩建，虽然不能够保证全面，但是至少能够在发展过程中不断完善。而在不断完善违规码库的过程中，后台就可以逐渐提高审核的效率。

5.3.4　抖音如何用区块链维权

　　上面提到，北京市互联网法院开庭审理"抖音短视频"诉"伙拍小视频"著作权权属、侵权纠纷一案，此案在当时引起了社会广泛关注。

　　这个案子不同以往的是："抖音短视频"委托第三方采用区块链技术进行取证。近年来，利用区块链技术取证存证的案例屡见报端。此前，杭州市、广州市两地互联网法院已认可区块链技术电子存证的法律效力，并探索区块链技术在司法领域的前景，已取得一定成果。

　　事实上，区块链技术的不可篡改性、可溯源特性特别适用于版权保护领域，这也是区块链技术最被期待的落地场景之一。下面具体分析抖音是如何利用区块链技术维权的。

　　原告北京微播视界科技有限公司诉称，"抖音短视频"是由原告合法拥有并运营的原创短视频分享平台。原告对于签订独家协议的创作者创作的短视频，获得了独家排他的信息网络传播权以及独家维权的权利。

　　"抖音短视频"平台上发布的"5.12，我想对你说"短视频（以下简称涉案短视频），由原创作者"黑脸 V"独立创作完成，应作为作品受到我国著作权法的保护。

　　原告发现，涉案短视频在抖音平台发布后，被告百度在线网络技术（北京）有限公司未经原告许可，擅自将涉案短视频在其拥有并运营的"伙拍小视频"上传播并提供下载服务。

原告认为被告未经许可擅自传播的行为给原告造成了较大的经济损失，为此依法提起诉讼，要求被告停止侵权，并赔偿原告经济损失 100 万元及诉讼合理支出 5 万元。

据媒体报道，此案中是由原告委托第三方电子平台进行取证工作，通过可信时间，包括区块链存证技术、第三方司法鉴定等一系列技术来保证取证的真实。据了解，庭审中，北京市互联网法院的大屏幕上播放了原告提交的由区块链技术抓取的视频证据。

以上就是"抖音短视频"利用区块链技术正当合法地维护了本平台利益的全过程。利用区块链解决版权保护痛点，以后我国对知识产权的保护将会有跨越式的进步。

电子证据的诸多痛点，区块链技术都能解决。某省版权保护中心相关人士曾对《证券日报》记者分析道，在著作权人提交作品时，为了更加安全可靠地传输和存储，保护著作权人的权益，版权服务登记平台将在以后的建设中增加时间戳和区块链技术。

这主要是针对著作权人提交的电子证据存在"虚拟性、脆弱性、隐蔽性、易篡改性"等"先天不足"问题，采用区块链技术可保证其安全和不可篡改，以利于法院采信。

区块链技术能有效解决传统维权难的问题。工业和信息化部信息中心曾经发布，在维权环节，现在面临着维权成本高、侵权者难以追溯等问题。借助区块链的不对称加密和时间戳技术，版权归属和交易环节清晰可追溯，版权方能够第一时间确权或找到侵权主体，为维权阶段举证。在未来，如果数字产品都能够被记录上链，建立完整数字版权产品库，将能降低维权和清除盗版产品的成本。

第6章 区块链+共享经济：实现真正共享

共享单车的出现极大地便利了人们的生活，随之而来的就是大量共享经济的产物——共享汽车、共享雨伞、共享充电宝等。但与此同时，共享单车被毁、共享雨伞不归还的事件时有发生，时常会因为个别人的素质问题影响该经济模式的发展脚步。

而区块链技术的出现，给了如今共享经济一种全新的交易方式。区块链的本质，便是为了解决信任问题而存在的，它作为交易双方信任的媒介，可以有效地解决交易过程中的问题。

6.1 不够共享的共享经济

在互联网高速发展的今天，共享经济领域内的竞争日益加剧。例如，共享单车给我们的生活带来方便的同时，还占用了大量的公共资源，为城市街道管理增加了难度，出现了"共享经济不够共享"的状态。

这和我们整体的经济环境背景、国民的消费能力有关。目前，我国共享经济平台发展还面临盈利困境等现实问题。下面将分析共享经济的发展与痛点等问题。

6.1.1 从 Airbnb、Uber 到 BAirbnd、SUber

当人们谈论起"共享经济"，首先就会想到网约车的 Uber、共享单车的美团、共享食宿的 Airbnb 等。的确，这些产品都体现了诸如资源共享利用、分享者获得价值之类的共享观点。

但事实上，目前很多利用"共享经济"商业模式的公司，在某种程度上恰恰并不进行共享或者说共享得不够彻底。他们利用的只是通过中心化聚合资源，然后统一分配出去，是一种聚合经济。

正是因为目前的共享经济共享得不够彻底，加拿大知名商业区块链研究者 Don Tapscott、Alex Tapscott 和区块链专家 Dino Mark 尝试引入区块链建立真正点对点的共享经济模型。

现如今，Airbnb 的市值已达 280 亿美元。但它的模式并不复杂——专门将空闲的房屋集合起来并将这些资源租赁出去以达到赢利的目的。Uber 也与之类似，也是把闲置的车聚合起来，在平台统一定价服务。

Don 和 Alex 在畅销书《区块链革命》中由此设想了 BAirbnd 和 SUber 两款产品。在 BAirbnd 中，没有作为中心的商家存在，客源直接面向消费者。

当有客户想要租赁一间房屋时，BAirbnd 软件会在区块链上搜集所有的房源，并将符合要求的房源过滤后显示出来。而代替客户评价房源的方式就是基于所有被分布式存储的交易记录，一个好评会提高房源供给者的声誉，并塑造他们不可更改的区块链身份，所有浏览的人都可以阅读这些信息。

同样，在 SUber 中，网约车也不再需要从拿高额佣金的第三方平台注册，用户与车辆提供者通过加密方式进行点对点的联系，并且基于区块链记录的不可篡改性，参与者会累积值得信任的信誉值，在链上将拥有自发的消费者黏性，而不再需要花钱抢用户。

虽然在区块链基础上，没有了中间平台，但不论是 BAirbnd 还是 SUber，消费者在使用时、资源出让者在交易时，用户体验同 Airbnd 和 Uber 是差不多的。即使受限于技术条件，目前二者都处在理论设想之中，但毫无疑问的是，绑上区块链的共享经济，很可能带来全新的变革。

6.1.2　共享经济不应该有共享者与消费者之分

不管是国外的 Airbnb、Uber，还是国内的滴滴打车，资源共享者和消费者都是泾渭分明的，一方负责提供产品或服务，一方负责消费。

这种阵营对立，使共享经济成为聚合经济，其中高额的佣金和提成都被作为聚合中心的平台拿走，而真正的资源共享者反而会处于付出与收获不成正比的境遇。这也是做价值链和做生态系统的根本区别。

通俗地讲，很多公司和机构经常说的包括共享生态在内的各种生态系统，其本质并没有离开价值链这个传统的思维。

在未来，真正的生态系统应该是参与在其中的所有成员都可以共生共荣，互相获益。单独某个公司或者平台获益的现状，在不久的将来可能会被区块链思维下的商业模式逐渐代替，尤其是共享经济这种本来就带有点对点性质的商业形态。

由此，共享者与消费者之间的区别必须被打破，人人都应该是共享经济的参与者。当资源共享者可以提交自有渠道的商品作为所有参与共享的商品来源时，被动分享（即消费）总资源的普遍模式将会被抛弃，在某种程度上实现了一种无对立的共享经济模式，回归到了共享经济的生态内涵中。

6.1.3 区块链支撑新共享经济

马云带领他的团队先后推出了新零售的概念和无人零售的模式。从市场角度来看，无论怎样的变革，都是在适应消费升级的零售变革需要，要么降低成本，要么满足个性化消费需求。

事实上，在消费升级的过程中，消费者的需求已经不满足于消费本身。未来消费发展的方向是需要与共享经济结合的，消费者在消费的过程中，也在创造自我价值，强调自身的参与感。

所以，传统市场营销的会员模式已经满足不了消费者的需求了。针对不特定多数人群，提倡信任、价值、构建网络社区是未来市场营销会员体系的走向。

这就意味着想要吸引更多、更有黏性的会员，信任问题必须首先解决。若没有信用的保障，也就无法实现共享经济的稳定、安全、可持续地发展。因此，这就需要有一个强有力的信任机构或者相关政策来对共享经济市场进行约束。

举例来说，当使用共享经济下的设备时，由于买卖双方的信息不对称，导致消费者无法判断提供设备的卖家或是公司是否诚信。这时就需要有相关机构在中间进行担保，为公司进行信用评级，为用户（消费者）进行最基本的安全保障。

而这种信任机制的建立，不仅能够让交易透明化、公开化，也能够使消费者随时比对价格、查询交易对象的信用等级。这种制度的建立需要的时间以及成本都很高，若要按部就班地培养这种信任体系，则要从以下几个方面入手。

首先是从市场中快速培养出专业的第三方信用机构，可以提供交易信用查询和评级服务，为客户创建基本信用制度；其次就是需要有关部门公开失信者信息，让其为自己的失信行为买单，可有效防止共享设备的损耗；最后需要政府有关部门参与其中，让各部门的信息相互沟通，建立共享经济全方位的信用体系。

因此，区块链的出现为新共享经济做出了有力保障。由于区块链的天然属性，可以让交易双方放心地把自己的物品按照合约上的方式进行交易，并且这个过程是完全公正、公开、透明的。

消费者若是在归还时无法按照使用合约上的要求进行，那么自然要承担违约的责任。由于是区块链上的合约，因此，在交易之前便可以把违约所需要付出的代价放在链上，违约之后按照合约进行赔偿。

对于共享经济本身而言，要想做大，则必须做到让参与者觉得放心。这个方案一旦成功实现，就会有更多人愿意投入，并自动发展出更有效率的共享方式。

6.2　将共享经济转化成共生生态

共生生态是共享经济的高阶形态，要想将共享经济转化为共生生态，价值链一定会被摒弃。在共生生态下，每个共享资源端（例如，前文提到的 BAirbnb 的房屋出租者、SUber 的车主等）都是一个自成长的节点，而不是专门为中心提供收益的利益末端。

拿目前实际网约车市场举例，Uber 的车主只能被指派去做"运输乘客"的事，而 SUber 的车主，因为区块链技术，没了中心平台的制约，可以在独立的节点上自由地发展诸如短租车、短距离货物运输等和车相关的业务。

也就是说，共享者通过区块链技术实现了分布式自主，不再是传统共享经济模式下被动参与的地位，而是人人都是中心的共生生态。这种生态体系，可以实现内循环、自驱动发展，不再依赖各种"商业领导者"来带领其他人前进。

6.2.1 "海绵"式的自由共享

共享经济依靠区块链变成共生生态后，实际上是由被限定的单一领域，走向了自由发展的多元领域，实现了"海绵"式的自由共享，会带来一些不同寻常的商业意义和社会意义。也就是说，共生生态释放了共享经济应有的潜力。

在很多时候，共享者想得到的结果并不一定是垂直输出的，而是被中心化的平台所要求的。生活中某项功能或需求被提取出来进行共享，才形成垂直化，例如 Uber 专注出行、Airbnb 专注住宿，进而导致市场上的参与者几乎都被平台牵着鼻子走。

而一旦资源共享者掌握了主动权，自主决定如何共享，那么可共享的领域将会变得十分广泛。社会充分吸纳各种模式和内容，共享变成没有中心组织的"海绵共享"，通过一个区块链软件简单地连接起来，人们在共享的丰富度和参与性上都大大提升。

举例来说，如果实行了区块链技术，那么一家公司的线下加盟商店，可以自主拓展周边各种社区商品、服务甚至公益活动，其他门店都可参与进来。

还如前文所说的一样，租车行业也不仅限于出行，还可以有其他的共享形式。这就是区块链技术下，"海绵"式共享的力量，能够把共享经济的潜力充分激发出来。

6.2.2　正品有了唯一可信的保障

区块链技术的普遍目的就是更低成本地解决信任问题。当初火爆的比特币其实就是一种金融领域去中介信任的初代产物。而区块链技术的应用空间其实可以更加广阔，在金融领域之外，实体经济也有非常大的应用前景。

例如，零售行业一直有一个信用危机那就是假货、水货等问题。这是从交换经济开始就有的问题，作为消费者需要时刻提防上当受骗。

区块链的介入，通过加密、点对点的形式，用智能设备监测生产线质量、仓库库存、配送和其他需要监测的事项，采集信息形成区块链节点信息，与消费者的订单节点信息唯一对应，能够很好解决信任的问题。

事实上，不只是实体产品，区块链还可以解决服务匹配的一致性问题。例如，在 SUber 中，登记的车辆与实际到达的车辆不一致的情况可以避免，因为区块链记录是分布式累积的，并没有办法篡改。在BAirbnb 中，租住房源也一定会与消费者预定的房源一致。

这样当消费者购买商品时，就不必担心商品出现质量等问题，正品有了唯一可信的保障。

6.3　颐脉：如何把共享进行到底

没有区块链，共享经济在短时间内还无法完全成熟。总的来说，与信息时代的新型社会结构相比，区块链有很大不同，后者属于弱控制，可以达到弱化中心的目的。而区块链的这些特质，恰好是共享经济所需要的。共享经济不强调控制，不需要中心，而是通过点对点的方式让参与者把资源交付出来，并获得相应的收益。

由此可见，区块链和共享经济确实相互契合，二者可以共同创造出广阔的发展空间。在这方面，业界进行了不少探索，也出现了一些可喜的商业现象。在未来，"区块链+共享经济"将成为全新的商业模式，并且会对人际关系产生影响。

6.3.1　发行 IM 数字货币，依托实体经济基础

颐脉是一个数字生态系统，里面包含了 50 多万个生活馆和数亿会员。如果会员在本地生活，生活馆会为其提供力所能及的帮助和支持。如果会员在异地，当地的生活馆也会随时为其提供优质的服务。通过生活馆，会员可以扩展人脉，结识各地的朋友。

在生活馆中，会员可以通过较低的价格享受便利，也可以用自己的积分换取福利。例如，外出旅游、养老等。总而言之，颐脉的宗旨就是：会员之间的互帮互助，大家共用创造美好的生活。

为了提升竞争力，颐脉还在 WADCC 的监督下发行了名为 IM 的数字货币。在技术上，IM 解决了比特币带宽过窄的问题；在速度上，IM 超过了有很大影响力的以太币；在数量上，IM 是限量发行，全球仅发行 1000 万份。可以说，IM 已经成为区别于比特币和以太币的新型数字货币。

6.3.2　强化"共享公司主体+网络思维"的价值

在履行社会责任时，公司往往率先考虑是否可以满足自身盈利需要，这严重影响了实际的社会效益。而且很多时候，由于社会组织的活动非常集中，又没有足够的资源，因此很难平衡经济效益和社会效益之间的关系。

在 WADCC 的助力下，颐脉建设了 50 多万个生活馆，这些生活馆遍布全球，为各地的会员带去了极大价值。从某种程度上讲，颐脉的生活馆就是一种新的形式，一种可以兼顾经济效益和社会效益的形式。

在颐脉中，每一个生活馆都在不断发生改变，这不仅可以对周边社区的思维产生深刻影响，还可以促进全球性网络的形成。作为可持续发展的一个主体，颐脉可以借助共享体系获得大量支持。在这个过程中，颐脉还充当了共享公司主体的角色。

如今，颐脉还在不断深化共享经济，希望可以把共享经济打造成一种独特的、符合时代发展的经济及商业模式。当"共享经济+区块链"走向现实之后，颐脉的潜力将得到进一步释放。

第 7 章 区块链+电商：重塑在线消费

现如今，大多数人都有过网络购物的经历，电商的发展已经到了一个极致的时代。它改变了人们的购物方式和生活，但同时也带来了诸多痛点：一方面是对于电商自身的供应链管理、中心化带来的信息不对称等痛点；另一方面是对于广大用户的数据隐私安全、商品真伪难辨等痛点。

区块链技术的日渐成熟，让分布式存储、点对点传输、共识机制等特性给这些痛点的解决提供了一些可行的思路。

试想一下，通过区块链技术结合电商特点，去打通电商中关键的三流：现金流、信息流、物流，优化产业链上下游关系甚至拓宽更多参与面，让线性的合作变成网络的合作，使各参与方之间的协作更加互信、高效、低成本。

7.1 电商三大困局

互联网的出现改变了人们的交易方式，买卖双方可远程达成交易合约，但是因为资金流转速度远高于商品的交易速度，导致资金流和物流发生了时间上的错位。于是，第三方信用担保产生了。而提供这种担保的就是电子商务平台。

电子商务平台是非常便利的产品交易平台，它能够展示大量产品和海量交易数据。但随着电子商务业务的不断发展，这一行业不断出现供应链管理、数据安全、市场透明度等方面问题，还面临着恶性竞争、信任危机等困境。

总之，如果想要打破这些影响我国电子商务发展的困境，就必须分析其产生的原因，找到相应的解决途径。

7.1.1 "权力中心"的信任缺失

在传统电商领域，价格战竞争激烈，有时商家为了增加销量，常用低价来吸引顾客。但正所谓，一分钱一分货，低价的商品很难保证商品的质量，消费者购买的同时也意味着其权益受到了损害。

一些问题也因此产生，商家为了销量和利益，不保证商品的质量，也就不顾消费者的权益；部分消费者抱有侥幸的心理，想低价购买高质量产品，结果往往适得其反。长此以往，消费者与商家就出现了信任上的危机。

还有就是从现阶段来看，由于是在互联网上进行交易，在实物没有到达消费者手中时，它只是单方面地呈现商家所展示出来的信息，有很多货不对板和夸大产品信息的情况存在。这就会使电商平台产生更多的信任危机，也就是"权力中心"的信任缺失。

了解区块链的特性的人都知道，区块链技术最大的特点就是去中心化，去中心化能解决"权力中心"的信任缺失的问题。

随着社会生产效率的提高，生产资料过剩，促使人们对于物质要求的标准越来越高。发展驱使现代商业中出现了个折中的解决信任缺失的产物，叫作品牌。

因为现实中没有很好的标准来证明某件商品的好坏，消费者除了最后呈现在自己面前的商品，对关于这个商品的其他信息难以准确获知，就更没法去判断这个商品的好坏（肉眼可见的残次品除外）。所以某些公司为了凸显自己的产品与其他家的不同、快速提升竞争力，他们就开始想办法让自己的产品处于竞争的有利位置，于是品牌这个事物就应运而生了。但是所谓的品牌也只是公司推出来的营销手段而已，并不是完全可信的。

我们倾向品牌消费的选择是因为没有其他更好的方式去判断商品质量的好坏，只能寄希望于公司，希望它们可以言出必行。

然而事实并非如此，电商平台商家的良莠不齐就是由一些无良商家导致的。甚至如果说要不是网络越来越发达，信息不对称越来越少，可能现在我们还不知道有不少商品存在质量问题呢。

7.1.2　流量分配不均

电子商务第二大的困境就是流量分配问题，通常流量分配机制让一些商家抓狂。电子商务本身没有问题，有问题的是流量分配机制。

现有的平台流量分配机制，都是非常"势利"的。以至于出现了有钱才有流量的局面：花钱买流量——淘宝直通车，投放广告，引入精准访客流。

还有一种形式就是销量高的商家才有流量，其中有一个"小套路"那就是用远低于市场价的价格来提高销量。有个典型例子是粽子和月饼，前期 9.9 元包邮卖廉价版产品（粽子），亏损千万，后期卖 199 元的高价礼盒（月饼），连本带利全部赚回来。

这种"玩法"小本生意的商家根本"玩不起"，只能寡头"玩"。这种严重影响市场秩序的行为，在电商平台却是见怪不怪。

实体店面的商户收入不景气或者生意没有隔壁好，他不会抱怨谁，可能因为隔壁地段好、装修好，他自己服气。但是在电商平台上，即使大家产品相同、售价相同，也有可能因为流量分配机制和算法导致隔壁家的销量是另一家的十倍。

实体经济是传统的商业模式，电商使其发生了改变。当然，电商也因为便利、快捷等优势收获了大量消费者的青睐。但是电商平台只是将实体经济里的商户集中到互联网上一起做生意，并没有创造一个好的机制，让好产品"冒出来"，让差商家"落下去"。

这种机制目前遭到很多的商家的厌恶，有时产品卖得好的很多是那种善于运用营销手段的店铺。而有些用心做产品的店铺，却可能在这种流量机制中逐渐沉沦，转而只能再继续做实体经济，分不到互联网红利的一杯羹。

电商平台的机制忽视了口碑，目前商家们只有一条路——天天围着流量机制转。所以总的来说，电子商务本身没有问题，将电商陷入困境的是流量分配机制。

7.1.3 支付成本高且安全性低

当今电子商务的发展速度极快，同时为应对日渐复杂的安全风险，电商从业人员常常处于高压力之下。支付欺诈不仅会削减电商的利润，而且在管理不善的情况下也会造成客户不好的体验。

欺诈对于电商商户来说损失非常大，电商每年因为支付欺诈的问题损失的销售额占到 1.5%，具体的金额差不多 300 亿美金。在电商支付过程中，因为要防范反欺诈，商户们所用的成本见表 7-1。

表 7-1 商户的反欺诈成本

直接的财务成本	防范成本	误报
销售和运输成本：被偷商品，物流和运输成本	反欺诈管理人员费用：需要人为地定期分析处理交易，调整反欺诈规则以符合新趋势	销售损失：正常客户被误判成欺诈
信用卡拒付退单：因为信用卡拒付而造成的退单，商户是首要责任人，应该承担所有的损失	IT 人员费用：维护反欺诈系统	获客成本损失：从锁定客户到成功转换所花的市场经费
卡组织监管整改：如果客户不符合卡组织的拒付和反欺诈防范要求，会面临额外的罚款和惩罚		信誉受损：如果正常客户的支付请求被拒，那其以后很可能就不会再到该商户购物

误判成本是非常高的。例如，有时订单其实是没问题的，但是防欺诈的工具就把订单拒掉了；客户的订单遭受拒绝，他再次购物就会选择其他渠道购买，就又造成获客成本损失，因为商户在各种营销方式上会逐年改变，获客成本在不断增加，当游客好不容易成为客户，结果又发生了损失，这也是让很多商家非常头痛的。

再转向安全性问题，由于科技的发展和物流系统的逐渐完善，目前电子商务工程在全国已经达到了高峰期。实现电子商务的关键就是要保证交易活动过程中系统的安全性，即应保证在基于网络的电子交易转变的过程中与传统交易的方式一样安全可靠。

从安全和信任的角度来看，传统的买卖双方是面对面的，因此较容易保证交易过程的安全性和建立起信任关系。但在电子商务过程中，买卖双方是通过网络来联系的，由于距离的限制，建立交易双方的安全和信任关系相当困难。电子商务交易双方（销售者和消费者）都面临安全威胁。电子商务的安全要素主要体现在以下几个方面：

1．信息有效性、真实性

电子商务以电子形式取代了纸张，保证这种电子形式的贸易信息的有效性和真实性是开展电子商务的前提。电子商务作为贸易的一种形式，其信息的有效性和真实性将直接关系到个人、公司和国家的经济利益和声誉。

2．支付安全问题

在支付方面，指纹扫描和面部识别也在全球被认为是对消费者来说较为安全的认证方式。同时语音搜索和图像搜索也成为现在的消费者非常喜欢的方式。

人工智能在支付中的应用，让支付变得越来越方便快捷。在我国，现在已经可以做到无现金出行，人们只需要使用手机，就可以用微信、支付宝来支付。但是在海外，很多地方还是需要用现金或者卡支付。所以未来想要全球拓展的无现金支付，还是要有一个过程。

站在变革的前沿，可以思考一下支付的未来是什么。人工智能虽然可以让支付变得便捷，但安全问题还是非常紧要的。我们也看到了区块链的发展，其实它的商用在未来支付行业是值得期待的，我们期待它能很好地解决安全问题。

3．信息完整性

电子商务简化了贸易过程，减少了人为的干预，同时也带来维护商业信息的完整、统一的问题。由于数据输入时的意外差错或欺诈行为，可能导致贸易各方信息不对称的问题。

此外，数据传输过程中信息的丢失、信息重复或信息传送的次序差异也会导致贸易各方信息的不同。因此，电子商务系统应充分保证数据传输、存储及完整性检查的正确和可靠。

4．信息可靠性、不可否认性和可控性

可靠性要求即保证合法用户对信息和资源的使用不会被不正当地拒绝；不可否认性要求即建立有效的责任机制，防止实体否认其行为；可控性要求即控制使用资源的人或实体的使用方式。

在传统的贸易中，贸易双方通过在交易合同、契约或贸易单据等书面文档上的手写签名或印章来鉴别贸易伙伴，确定合同、契约、单据的可靠性并预防抵赖行为的发生。

由于网络的全球性、开放性、共享性和动态性的发展，任何人都可以自由地接入网络，其中不乏心怀不轨之人。他们会采用各种攻击手段进行破坏活动。

因此，发展电子商务的一个首要问题就是保证信息与资金的安全性和可靠性。任何成功的电子商务系统必须能提供足够高的安全性和可靠性，才能赢得用户的信任和欢迎。

7.2　区块链打破电商困局

"双十一"已经伴随我们多年，但假货问题依然是电商行业不可忽视的痛点。在利益的诱惑下，有些电商平台的商家利用各种造假手段将利润最大化。

消费市场中频发的假货问题，让大众对于食品安全与健康的重视日益增强，人们愈发迫切地想要知道自己所购买的商品是否真的货真价实，是否真正的无污染等。"中心化商业"的传统电商模式的变革迫

在眉睫。

现如今的传统电商平台基本属于一个非正向循环的模式，个别平台在千方百计欺骗用户，并将他们出卖给假冒商家以赚取更大利润。在这种模式下，用户只会反感并不断流失，而不会正向利好平台。

而结合区块链技术的电商平台与此正好相反，每个人的行为以及注意力资产都可以通过算法、贡献度获得等值的回报，真正实现用户和平台共利的正向循环模式。

用户在这样的模式下，不仅乐于提供自身行为，也能真正明白每个人在区块链电商平台都是一个有价值的、可获利的单独个体。平台给予用户利润，用户反哺平台，这种正向循环在区块链电商平台实现了良性循环。

7.2.1　打造以“订单拆分”为核心的商业模式

前面提到，现如今折中解决信任缺失的产物是品牌，而当品牌也不可信的时候，那还能相信什么呢？作为人类的本性，我们相信自己的判断、自身的所见所闻，退一步讲，即便没有亲身经历，如果所有使用过该产品的人都可以为你证明，那么我们作为消费者大概也是可以相信它的。

那如何让一批人公正地来证明我想要的商品是可以放心购买的呢？这就是下面要说的主题——区块链电商。

既然是电商，最终的目的还是卖产品，区块链电商能做的事是消费者在选择这款产品时有更多更好的可信赖的标准，而所有这些标准都有一种群体监督机制保证可信度。

首先，区块链电商最核心的商业模式之一是“订单拆分”。每个到达我们手中的商品从选材到生产都要经历很多的流程，就拿做衣服来说，中间的流程就有设计、选料、裁剪、包装等环节，区块链电商就是把这些中间流程也加入这个订单系统中。

试想一下，如果某件衣服从设计到裁剪都是人们基于自己的选择做出来的，而人们选择的每一步都有一种监督机制保证按照人们的需求进行，人们一定会对这件最后呈现在眼前的成品就多了份信赖。

促使人们完成下单的行为不仅仅是商品给消费者的主观印象，可能还基于消费者对于中间环节的认可。例如，当人们想要一件羽绒服，并不仅仅是因为它是某名牌，还可能是因为商家用了某地生产的羽绒或者它是由老牌的裁缝亲手缝制的，这些因素都有可能促成人们最后的购买行为。

不可否认的是，所有商家也都明白这个道理，但最后落实的是，这些流程可能只是他们做出的宣传，而没有办法去证明这些宣传的真伪。

要想让消费者对商家说过的每一句话都深信不疑，那就需要把商品生产的每一个环节都摆在阳光之下，也就是每一个节点都要面对消费者，而且所有环节之间并没有绝对的利益关系。

这就是区块链电商要把订单拆分的原因，区块链电商把生产商品的重要流程都设计进消费者的订单。看似只是购买了一件商品，其实也同时购买了生产这件商品各阶段的流程。

订单形成，接下来就是发货，最终这个订单的生产流程会是这样：设计师收到订单，沟通后设计定稿，设计师将设计稿返给消费者确认，同时还需要让消费者确认选材，最后再将设计稿与材料交给裁缝店制出成品。

当然，目前让所有的消费者直接面对中间商会有极大的沟通成本，同时消费者对于中间商的优劣并没有识别能力，所以在这个中间环节专门加了一个设计师的角色。

设计师的角色就类似现在淘宝的店铺，设计师设计了一件产品，并根据自己的设计需求与行业认知水平挑选最符合产品气质的原料供应商以及加工商等，然后形成一个商品的流程摆到平台售卖，消费者下单了，就会进入产品的生产环节。

订单从销售到生产到交付的流程具体如下：设计师设计产品并从众多供应商中选择合适的供应商添加到自己的首页挂到平台；消费者购买商品，形成订单；分配订单到各个供应商；供应商从顶层开始一步步生产产品，直到最后交付给消费者。这样一整套的区块链电商的商业流程就形成了。

7.2.2　更加透明的电商市场

当消费者从电商平台购物时，很难追溯商品的来源。怎样才能确保商品的源产地、经销商等各环节的不可篡改和可追溯是电商平台长期以来的难题。

应用在电商中的区块链，利用的是它分布式账本的特性，只要商品被记录就难以篡改。只需要将商品供应链的每一步都记录在区块链上，从生产到流通，每一个环节都是不可篡改和可追溯的。

据了解，京东也将借助区块链技术，实现对澳大利亚羊绒产品的源产地追溯。在区块链技术的支持下，用户可以看到羊绒产品产于澳大利亚哪个牧场，甚至是哪只羊身上。产品在物流期间搭载了哪次航班、时间点、派送人等都很清晰明了。

由此可见，电子商务结合区块链的目标就是要打造一个优质的、优价的、质量可鉴的电商平台，所以区块链上的所有参与者都在一个共享的信任体里，让交易变得越来越简单。以下就是电商平台通过区块链的可追溯技术，在区块链智能合约的约束下，实现交易透明化的优势。

1．节省交易支付成本

目前电子商务平台在交易支付方面，不仅需要承担安全风险，还由于第三方支付平台的存在，需要支付高额的付款处理费用。第三方支付平台会对每笔交易收取服务费，用来建立卖方信誉评价体系，再加上电商平台对商家收取的平台使用费，这个成本着实不低。而将区块链技术运用到支付中，电商平台将受益匪浅。

通过运用区块链技术的新型电商平台交易支付体系，买方和卖方可以直接交易。交易支付基于密码学原理而不基于信任，无须第三方参与，节省了双方的费用。

2．方便供应链管理

电子商务供应链是一个非常复杂的结构，由物流、信息流、资金流共同组成，并将行业内的供应商、制造商、分销商、用户串联在一起。由于信息的可篡改性，当今电子商务行业面临着严重的供应链管理问题。

而区块链技术作为一种大规模的协同工具，可以快速适配供应链管理。在电子商务供应链中，许多类型的数据可以通过区块链传输，包括发票、保险、运输以及提货单等。

并且，一个透明的区块链网络会让消费者可以看到他们购买的产品的原料、生产流程、出入库状况、分销流程等信息，从而增加消费者对电商的信任。

3．保障数据安全

电子商务平台拥有大量的数据，其中大部分数据都是直接来自该平台上已注册的用户和商家的。如何存储数据就成为一个严峻的问题。

目前的电商公司，客户的数据都被存储在公司的中心化数据库内，一旦公司遭受了网络犯罪分子的攻击入侵，大量数据将会被窃取。

但是，基于区块链的电子商务平台，由于区块链平台是分散的，所以实际上电子商务平台不可能遭受这种攻击，反过来也意味着客户数据也是分散的。破解区块链平台的所有节点几乎是件不可能的事情，因此，基于区块链的电商平台上的数据被认为是相对安全的。

4．提高交易透明度

交易过程的不透明是现在电子商务平台面临的最大问题，但区块链可以提高交易的透明度。每笔交易都记录在共享分布式账本中，不能被任何人修改。共享分布式账本提供安全性、透明度，以及可追溯性，从而促进买卖双方的信任。

未来的电子商务平台将基于区块链技术，所有商品的源信息都会存储在区块链上，保证平台中所售出的每一件商品都是质量有保证的。随着区块链技术的不断推广，电子商务行业将变得更加高效和透明。

7.2.3 在一定程度上减少品牌溢价

为了更好地理解品牌溢价，可以皮尔·卡丹西服为例：质量差不多的情况下，没有品牌的西服和皮尔·卡丹去比较，消费者可能情愿多花些钱买皮尔·卡丹，而事实上穿在身上跟没有品牌的西服也差不多。

这有一个情感价值在这品牌里，这是由消费者的消费心理决定的。由于有了这样的消费心理，所以必须将自身的品牌塑造成在消费者心目中高于其他品牌的形象，有了这个形象以后，品牌的溢价就会变成很自然的事情。

首先，在目前的市场环境下，品牌溢价是不可避免的，因为目前很多产品本身就是品牌，而且一些中间商很多也是有品牌能力的。但以后品牌溢价肯定会降低，因为基于对中间环节的了解，消费者更懂产品了。

区块链技术在追溯体系的探索方面可以实现商品的防伪溯源，为各种商品质量安全监管开启了一个新的时代。

基于区块链技术具有的数据公开透明、不可篡改等特征和优势，未来可以在传统的商品信息追溯体系中植入区块链技术，使消费者能通过区块链清楚地看到商品所有信息，同时又降低了政府监管的成本，大大地提高了政府监管的效率和公司供应链的管理效率。基于区块链的商品信息追溯体系不仅保护了各正品商家的权益、减少了品牌溢价、降低了消费者的购买成本，也重塑了广大消费者购买优质商品的信心。

7.2.4　售后评论和定制优惠

目前在各大电商平台，基于平台的算法，几乎所有的商家都越来越关心产品的售后评论。因为产品售后评论的好坏可以决定该商家在电子商务平台市场或搜索结果中出现的顺序。

其中不乏同行业公司的恶性竞争，在其产品质量没有出现任何问题的情况下，同行公司为打压对手，故意捏造差评损害了良好公司的声誉。

这样就会导致大多数在线运营商越来越关注网络上的产品评论，有时也会因为恶意竞争弄得苦不堪言。因此，使用区块链技术对验证消费者关于产品或服务的评价是否具有真实性有关键作用。

区块链部署可以帮助遏制无效评论，因为区块链将数据存储在块中，然后将其添加到类似信息块的链中。必须先在计算机网络上验证每个块，然后才能将其添加到链中，验证后就无法再更改。

在业务流程中采用区块链技术可以有助于公司营销，因为当客户到达特定的费用栏时，商家或公司可以使用区块链为客户分配可兑换的奖励积分活动。

它允许客户同时从通用折扣和定制优惠中受益，同时允许对数据集技术进行适当的跟踪，这将使区块链技术更加有效。

以上就是目前电子商务平台从支付到售后中存在的一些问题，以及应用区块链技术可以帮助解决的详细介绍。按照目前的科技发展速度，区块链技术将会为电商行业掀起一场"无声的革命"。

7.3　入局区块链电商的必备要素

区块链电商并不是真正意义上的区块链技术，只能算是区块链技术衍生出的一种商业模式，但如果把一个订单的生产销售链作为一个闭环，那么就可以看作一个社区块链。

区块链电商最主要解决的是品牌的问题，通过这种模式，不需要花大量的时间去积累用户就可以轻易地得到用户的信赖。区块链电商并不适合所有类型的产品，入局区块链电商，公司或商家应选择合适的产品和准备必要的因素。

7.3.1 中间链条商的供应体系

中间链条商的供应体系也是商家的体系，商家需要根据用户需求把供应商（也就是中间链条商）添加到他的商品订单中。当然是有足够的供应商可供选择才可能实现，产品才能满足更多消费者需求。

以沃尔玛为例。沃尔玛公司要求其直接供应商将生菜、菠菜和其他绿色蔬菜在当年一月底之前加入其食品追踪区块链。沃尔玛还要求这些供应商的农民、物流公司和商业合作伙伴加入区块链。

沃尔玛食品安全部门负责人弗兰克·伊纳斯表示，准确指出食品污染的来源可以改善公共安全、减少疾病不受控制的时间，并为那些可能被卷入过于宽泛的产品召回事件的零售商和农民节省资金。

她在一次采访中还说："一项要求供应商使用食品信任区块链的指令，将有助于该行业创造出比现行联邦（美国）法规更全面的食品系统图景。我们的目标是在食源性疾病或其他问题出现时，加快和提高召回的准确性。"

的确，区块链可以而且应该被用来提高食品安全的透明度，除了公共卫生方面的担忧，保持消费者对产品安全的信任是有价值的。

7.3.2 店铺不再是平台的运营主体

要想打造一个优质、优价的电子商务平台，就需要有"区块链+电商+本地商家"的构成。通过区块链追溯技术，所有商户可在区块链智能合约的制约下，以信用为基础，信任为桥梁实现无缝跨界联合。

区块链电商内的店铺不再是平台运营的主体，而是以商品为运营主体。在这个体系内，商家就类似于设计师的身份，可以和消费者一对一的沟通，为消费者量身定制产品。同时少了店铺的运营工作，设计师（商家）无须通过过度的营销手段来提高销量，只需更纯粹地回归产品本身的设计，如此与消费者才是一个良性循环。

按照目前的发展趋势，区块链有可能会成为下一个互联网。不同之处在于，互联网是一条信息高速公路，区块链则是一个价值传输网络。

区块链电商系统内多、快、好、省，线上线下的打通融合，提供用户需要的商品和服务，多维度地让用户信息线上线下通用共享。在智能化和大数据技术支持下，可以获得用户线上线下全息的用户画像，更加便捷地贴心服务。

融合社交让交互变得多样性，同时增加了用户的参与感，在社交分享中完成用户与产品的交互。在信任共享的基础上，区块链电商添加社交属性，寻求归属感，线上线下实现经济共享、人脉共享、交易透明，真正将收益回归用户，使用户拥有完整的数据使用权。

7.3.3　平台结算体系

区块链是一串串使用密码学方法相关联产生的数据块，每一个数据块中包含了过去十分钟内所有网络交易的信息，用于验证其信息的有效性（防伪）和生成下一个区块。区块链技术拥有去中心化、方便快捷、高安全性、记账速度快、成本较低、互相监督验证等优点。

区块链技术可应用于电商平台结算中心，进而打造新的平台支付方式，推动电商业务的发展。当前的传统电商支付方式结算时间较长、通过第三方支付平台手续费较高且有时候会出现支付诈骗等行为，带来了各种资金风险。

区块链支付属于区块链范畴内的数字货币应用。一句话描述：分布式网络技术的支付汇款可以在去中心化的机制下使用户以更低的费用和更安全的保障完成支付，所以孕育着庞大的市场空间。

通过区块链技术打造点对点的支付方式，撤除第三方平台的中间环节，不但可以全天候支付、瞬间到账、提现容易及没有隐性成本，也有助于降低各商家与消费者资金风险及满足电商和消费者对支付清算服务的便捷性需求。

用通俗的话来讲就是生产成本从消费者的预付款中来，这笔预付款先是结算到区块链电商平台，然后平台根据每一个供应商的进度与中间商结算。这样所有的供应链不存在强势与弱势，唯一的就是供应商做好工作，平台结算给供应商报酬。

7.3.4　Gojoy：30 天，销售额近千万美元

互联网是一片能够创造奇迹的沃土，而电子商务无疑是这片沃土上结得最饱满的果实。互联网时代，我们见证了太多的奇迹。

2019 年的天猫双十一，只用了 1 小时 3 分 59 秒，成交额就达到了 1000 亿人民币，最终双十一全天的 GMV（一段时间内的成交总额）高达 2684 亿元，创造了历史新高。成立不到三年的拼多多，更是创造了电商史上最快的上市纪录。这两个案例一个是传统电商的"霸主"，另一个是社交电商的"领头羊"，分别代表着互联网"信息时代"不同时期最佳的两种商业模式。

而当互联网从"信息时代"进入以区块链技术应用为主的"价值互联网时代"，互联网这片沃土上的奇迹又是否能够延续下去？接下来将以新兴电商 Gojoy 商城为例，来谈谈区块链电商的未来。

上线一个月，销售额近千万，创造了全球电子商务史上月销售额千万级别最快纪录。这便是不久前荣获"2019 马耳他全球 AI 暨区块链峰会"区块链应用组第一名的 Gojoy 商城交出的"高分答卷"。

自 2018 年年底上线以来，在半年时间内，商城总销售额累计突破 1200 万美元，在几乎没有投入任何广告费用的前提下，用户量从初期的 500 名种子用户，到目前注册用户已突破 100 万，且每天增长 1~3 万名新用户。最令人惊叹的是，Gojoy 商城与这百万消费者，共享了超

过 1330 万美元（约 9012 万人民币）的销售利润。

以往的电商平台需要不断融资来做市场，经常导致经营数年还处于亏损状态。相对比，Gojoy 商城不仅没有"烧"一分钱做市场，而且从创立之初便实现了盈利，还与消费者共享了上千万美元的销售利润。Gojoy 商城运用区块链技术做出的新理念，似乎在挑战传统电商"流量为王"的规则。

区块链技术让利益分配更加公平合理。传统电商在我国已经发展了将近 20 年，它主要依托中心化的平台和体系积累，形成的是一个完备的商业体系。以天猫、京东为主导的传统电商时代本质上就是流量为王。而以拼多多为代表的社交电商，其核心虽然在社交，但本质依然是通过社交平台的流量优势和分享机制来进行低成本获客，并没有真正摆脱流量思维。而"价值互联网时代"的区块链电商，不仅对流量持不同态度，在利益分配机制上，与前二者相比，更是天壤之别（见表 7-2）。

表 7-2 三种电商的利益分配机制对比

平台角色/类别	传统电商 （以天猫为例）	社交电商 （以拼多多为例）	区块链电商 （以 Gojoy 商城为例）
平台方	1）广告流量费用 2）商家入驻费用 3）商品销售佣金	1）广告流量费用 2）商品销售佣金	1）合理的商品加价利润 2）1000 美元的 VIP 会员年费
机构投资	上市前：平台融资后，退出套现 上市后：股票增值收益，平台利润分红	上市前：平台融资后，退出套现 上市后：股票增值收益，平台利润分红	1）共享平台的销售利润分红 2）分红凭证增值收益：（可随时入场，也可随时退出）
散户投资人	上市前：没有机会投资 上市后：投资回报率低	上市前：没有机会投资 上市后：投资回报率低	1）共享平台的销售利润分红 2）分红凭证增值收益（可随时入场，也可随时退出）
入驻商家	被高昂的流量成本不断挤压后的商品差价	被高昂的流量成本不断挤压后的商品差价	合理的利润加价（0 入驻费用、0 流量费用）
消费者	为商家不断加价的商品及高昂的流量成本买单。除了商品，一无所获	为商家不断加价的商品及高昂的流量成本买单。除了商品，一无所获	1）合理加价后的商品 2）共享平台的销售利润分红 3）分红凭证增值收益

与传统电商平台需要商家支付高昂的佣金、推广费用不同，Gojoy

商城不收取任何佣金，也不需要商家在平台上购买流量、投入广告。供应商直接面对消费者社群，只需要专注产品质量和售后服务。而商城的利润来源只是在供货价上进行合理加价而已。

除此之外，该平台通过区块链技术，首创消费挖矿模式——用户在消费的同时，自动成为平台股东。除了享受平台股权增值的收益，还能和所有用户一起共享平台 50% 的销售利润。

显然，这套更为合理、公平的利益分配机制是 Gojoy 商城创造奇迹的基石。通过这个案例可以得出结论，任何商业模式，低效终将被高效取代。

20 世纪，随着汽车的普及，人们生活的范围迅速扩大，家乐福、沃尔玛等大卖场登上了历史舞台，取代了以往低效的百货商店。进入 21 世纪，互联网的普及让阿里巴巴、亚马逊这样的电商巨头也顺势踏上了发展的快速路，大卖场也将逐渐被电子商务所取代。

如今，区块链技术的出现，代表着纯电商时代已经结束。在新的挑战下，需要电商平台不断去适应、不断与新技术结合。以京东为代表的电商平台已经开始研究区块链溯源技术，我们且看未来谁能走在行业前端，成为最后的赢家。

第 8 章　区块链+金融：融合之势不可逆转

世界经济论坛预测，到 2027 年，全球的国内生产总值（GDP）将有 10% 被存储在区块链上。这种预测并不夸张。作为数字货币比特币的底层技术，区块链首先将会对现有的金融领域产生巨大的影响。下面具体分析区块链在金融领域有哪些应用。

8.1　区块链创新金融领域

区块链的分布式结构以及去中心化的信任机制为解决金融领域的痛点提供了一条新道路。业务上，区块链改变了金融体系的运作模式，加速了金融领域的创新进程；技术上，区块链完成了分布式协议与信息共享，推动了网上银行的发展，降低了金融准入门槛；管理上，区块链构建了一个全新且稳固的信用体系，有效改善了权利分配现状。

在金融领域，区块链有广泛的应用前景，而且正在逐步成为互联网金融的关键基础设施。这些趋势都表明，一个新的时代即将到来，金融领域会迎来区块链潮流。

8.1.1　降低金融准入门槛

国内的金融准入门槛一直都比较高，这里所说的门槛主要是指资源门槛（资金等）以及意识门槛（丰富的理论知识和实战经验）。

在金融领域，高学历人群十分常见，这些人具备了一定的意识门槛，而资源门槛则使一些普通人望尘莫及。当然，即使普通人进入金融领域，如果他们没有迈过意识门槛，也还是会因为能力不足而不得不退出的。

区块链的诞生使金融领域发生了巨大改变：一方面，解决了各交易方之间的信任问题；另一方面，促进了金融制度的完善和优化。此外，区块链对金融领域的影响也遵循一定的路径：首先是"人与人之间的金融"；其次是"人与机器之间的金融"；最后是"机器与机器之间的金融"。这样的路径在不断推动"区块链+金融"的实现。

区块链的风靡使网上银行获得了良好发展，网上银行提升了交易的效率，同时使金融机构的客户规模得以进一步扩展。在这种情况下，金融领域就必须跟上时代，重新思考从业人员的性质和类别。

以互联网保险为例，除了要引进保险方面的人才以外，还需要引进市场规划、网络营销、数据库建设、客户关系管理等方面的人才。这也就意味着，与之前相比，将有更多的从业人员进入金融领域，并借此获得大展身手的机会。

如果区块链与金融领域的融合越来越深化，那么全新的利益格局将会被建立起来。作为一项以"信任"为核心的技术，区块链将降低金融领域的准入门槛，打破"人与人之间的金融"格局，很多普通人也可以成为金融领域的从业人员。

8.1.2 改革权利分配

在讨论区块链对金融领域的创新时，其实也是在探索区块链出现之后，法律法规、社会和金融机构之间的权利分配现状。虽然金融领域内部的资源配置非常重要，但是在历史遗留问题、政策迭代更新等原因的影响下，金融领域还是存在一些亟待解决的痛点。

例如，金融杠杆居高不下、房价与平均收入水平失衡等，在这些痛点上，区块链能做的事情并不是很多。区块链可以通过将数据储存在各个分散、独立的节点上，来解决各交易方之间的信任问题。然而，在接下来一段时间内，区块链依然会保持部分去中心化的状态，也就是说，这项技术主要是为中介、主体信用带来创新。

在过去，理财人员要想让自己的客户放心，除了需要时刻与其保持联系以外，还需要评级机构、信托机构、会计、银行等第三方的证明和担保。现在，区块链可以实现集体维护，改革权利主体，即把单方的权利主体转向多方的权利主体。

区块链可以构建通用的信用证明平台，借助这样的平台，即使是在没有第三方的情况下，交易也可以顺利完成。久而久之，第三方、中介、主体信用的作用就会被不断削弱，权利分配体系也会更加完善、安全。

8.2　区块链在金融领域的应用

如今，"区块链+"模式越来越火爆，区块链已经广泛应用于各领域。金融领域是区块链最先触及的一个领域，并且已经成为区块链布局的主力。

在银行方面，区块链变革了跨界支付、数字票据、清算；在证券投资方面，区块链打造出全新的证券交易，同时提升了股权众筹的效率和安全性；在保险方面，区块链有效解决了定损难度大、理赔时间长、防控不完善等问题。

8.2.1　银行：跨境支付+数字票据+清算

很多专家认为，银行是部署"区块链+金融"的主要阵地。首先，在银行金融方面的业务占据着核心位置；其次，很多银行都在追求速度和效率，而区块链恰好可以助力这一目标的实现；最后，跨境支付、数值票据、结算等方面的弊端让银行不得不进行升级。

1. 区块链+跨境支付

相较于传统的跨境支付，区块链支持下的跨境支付具有更为明显的优势，主要体现在以下几个方面。

1）跨境支付的速度更快。一个传统支付模式下的银行跨境汇款需要 2～6 个工作日，然而在引入了区块链后，跨境汇款在 8 秒钟的时间里就可以顺利完成。所以，对于银行而言，"区块链+跨境支付"可以有效地对交易成本结构进行改善，并且还支持全天候的支付和实时到账，加快了跨境支付的速度，提高了交易的效率。

2）交易成本更低。对于银行来说，跨境支付是利润最为丰厚的业务之一。传统模式下的跨境支付在处理各项环节，如接收货款、对账等过程中会产生很高的交易成本。但是，区块链应用下的跨境支付则可以减少交易环节中产生的交易成本，并且还能以弱化中介机构功能的方式来提高资金的流动性。

3）交易更加透明安全。在区块链跨境支付中，银行与银行之间实现了点对点的支付方式，不需要任何交易中介者。区块链所具有的四大本质特征保证了跨境交易中交易双方资产的安全性，降低了交易风险，让交易变得更加的透明和安全。

2. 区块链+数字票据

纸质票据因为使用的是纸质实物，所以在进行交易时，往往需要经过一系列烦琐的操作流程，而且还容易出现操作风险。区块链可以将纸质票据转变为数字票据，从而使银行的票据业务具备一些前所未有的优势。

首先，区块链可以有效解决票据的真实性问题。由于区块链采用去中心化的组织系统，所以票据的发行、检验以及交易的过程均完全透明，参与交易的大众之间可以进行数据的共享，并对票据的真实性做出一致性证明。

其次，区块链可以改变以往票据交易中的信息不对称问题，从而实现票据交易的去中介化，促使票据运行模式发生改变。

最后，数字票据可以被记录在区块链的区块上，而且每一份数字票据都可以独立地在区块链上运行，其生命周期也是独立的。区块链使票据交易的效率得到了有效提高，也大大降低了票据监管所花费的成本。

3．区块链+清算

目前，银行的清算效率并不高，这也是各国金融市场共同面临的一大难题。区块链可以在数学算法的基础上，通过技术背书将信用建立起来，从而缩短清算的时间，并加快清算的速度。

例如，澳大利亚的一家银行就是取消现有清算系统，引入基于区块链的新系统的领头羊。引入基于区块链的新系统以后，该银行的开支将会减少数千万美元。此外，该银行还引入了数字财产控股，主要目的就是利用最快的速度让区块链替代现有清算系统。

目前，随着区块链的不断发展，其应用领域也变得越来越多，在金融领域的应用最为显著。不过，似乎只有时间和实践才可以证明区块链能够在金融领域发挥多大的作用。

即使如此，区块链对各领域的贡献也是不可磨灭的，这也在一定程度上说明，在区块链方面做出的努力和投资都将不会付之东流。

8.2.2　证券投资：交易+股权众筹

在当今的证券投资领域，证券交易和股权众筹的弊端越发显露，不过自从引入区块链之后，这样的情况便有了很大改善。

1．证券交易

在区块链的帮助下，原本依傍于中介的证券交易变成了一种具有分散性质的平面网络交易形式。参与者可以共享证券交易的数据和信息，这使得证券交易的流程具有高度的公信力。总而言之，区块链带来的新的证券交易有以下几点优势。

1）使证券交易的成本大幅度降低。区块链应用下的证券交易流程会比传统模式下的证券交易更具有简洁性，有助于提升市场的运转效率。

2）有助于提高证券交易的决策效率。在区块链的应用下，参与者的行为和信息都可被准确地记录在案，这有助于让证券的发行者对公司的股权结构有一个更为明晰的了解，从而提高证券交易的决策效率。

3）提高了证券交易的可控性。在区块链的应用下，证券交易日和交割日的时间缩短至 10 分钟。简言之，只需要 10 分钟，证券交易便可顺利完成，这既减少了证券交易中存在的风险，又提高了证券交易的可控性。

4）降低了暗箱操作的可能性。在区块链的应用下，参与方的数据和信息都公开、共享且不可篡改，因此有助于降低暗箱操作的可能性。

2．股权众筹

如今，投资可以被当作智能合约纳入区块链中。对于建立合同的投资者来说，投资期结束后，系统就会自动返还本金和利息。如果是股权众筹，先把股权众筹过程中的各项数据纳入区块链系统中，然后再由金融大脑对这些数据进行综合分析，并计算出利率，符合条件后就可以实现自动划款。这样一来，股权众筹的参与者就可以在第一时间获得回报。

可以说，自从区块链出现以后，证券投资领域就有了很大不同，不仅证券交易的时间缩短、难度降低，股权众筹的安全性和效率也得到很大提升。在未来，区块链会在证券投资领域发挥更大的作用，进而为整个市场带来新的活力。

8.2.3　保险：定损+理赔+防控

随着我国经济的快速发展，人们生活水平日益提高，对保险的需求也越来越大，这无疑为保险行业的发展带来了机遇。但是不得不说，随着机遇而来的还有保险行业的缺陷，例如，定损难度大、理赔时间长、防控不完善等。

1．定损

在保险行业中，定损是由保险从业人员完成的，难免会存在效率低、易出错等弊端。然而智能合约仅需要几秒钟就可以完成定损，并将保险合同处理好。简单来讲，智能合约就是一个可以自动执行合同内容的计算机程序，工作原理与编程语言"if…then"语句非常相似。

当损失正式达成时，智能合约就会自动进行定损工作，执行保险合同的条款，这可以看作是一种与世界资产的交互。在智能合约的助力下，双方可以绕过第三方直接交易，这样不仅可以防止黑客攻击服务器的现象的出现，还可以免去保险合同被篡改的风险。

以投保方投保为例。投保方只要向保险公司投保，就会立刻生成一个保险合同。由于合同被存储在区块链的技术构架里，所以不会被篡改，智能合约则提供自动履行合同的功能。另外，值得一提的是，访问受限的合同只有投保方用密钥才可以看到，这可以保障投保方的个人隐私安全。并且合同的查阅、修改等都会被记录和储存在区块链里。

当保险合同被当作智能合约纳入区块链之后，如果发生相对应的事件，定损和理赔等环节就可以自动执行，这样可以减少保险公司和投保人的损失。

2．理赔

在保险行业中，对理赔所需要的信息进行收集是非常困难的工作，一直到现在，该项工作还是得依靠保险从业人员来完成，这不仅会让保险公司耗费大量的资源，而且一旦出现失误的话，还会对理赔造成不良影响。

不过，自从区块链出现并兴起以后，情况就有了明显的好转。通过区块链，无论是实物资产的管理还是追踪抑或是保险，都可以实现真正意义上的数字化。不仅如此，区块链中的智能合约还可以将纸质合同转化为可以编程的代码，这不仅有利于保险理赔的自动执行，而且还有利于保险公司尽快确定好各相关方应该分摊的责任。

HyperledgerFabric 是 个由超级账本联盟发布，并且受到业界广泛关注的区块链模型。基于该区块链模型，安联又推出了一个名为"专属自保"的新区块链模型，而且这一全新模型是特意为财产保险和意外伤害险设计的。

为了能够接收所有的指令和款项，安联把自己和花旗的 CitiConnect API 系统连接到了一起。不仅如此，"专属自保"通过把与保单有关的信息上传到区块链上，进一步简化了各相关方之间的交易流程。针对这些情况，安联的 YannKrattiger 说："无数的资料往来和海量的文档交换都已经不复存在，取而代之的是自动化处理。"

3．防控

对风险和诈骗行为进行防控是保险行业的一项重要工作。在区块链的助力下，也确实有很多"拓荒者"成功建立起了保险反诈骗联盟。

最近几年，风险保额过高的事件屡屡发生。例如，为了累积更高的风险保额，有人会在多家保险公司购买不同保额的短期意外险产品。区块链可以有效解决这一问题，具体来说，通过区块链，保险公司可以把所有意外险的数据做上去，从而实现自己做核保的目标。

目前，在保险反诈骗联盟项目中，区块链虽然被很好地应用于核保和风险防控方面，但从整体来看，其依然处于技术验证和实践阶段，还需要和物联网、大数据、智能合约来匹配。也就是说，"区块链+保险防控"的尝试还在进行中，真正的实现尚未到来。

不过，在保险行业陆续引入人工智能、大数据等技术以后，这些技术就会和区块链结合起来，成为推动保险产品创新的强大动力。如果按照这样的趋势发展下去，区块链将会在保险行业发挥更大的作用，不断推动着保险公司和保险从业人员的进步。

8.3　区块链与互联网金融

区块链与互联网金融也可以融合在一起，而且这样的融合正在进入新的阶段，各种应用也会越来越深入。此外，互联网金融发生的变化也会受到更多关注，然后形成一股新的潮流。最近，由互联网金融形成的区块链潮流会影响到其他各领域，并产生巨大的变革。

腾讯、阿里巴巴、百度等互联网巨头都在实践中应用到了区块链，这让我们对于该项技术在互联网金融方面的发展充满信心。随着"区块链+互联网金融"的不断深化，越来越多的公司将参与到其中，并期望通过区块链的引入提升自己的创新水平和竞争实力。

8.3.1　互联网金融的蜕变之道

如今，区块链已经在多个领域成立了研发项目，并展现出了大好前景。其中，区块链在互联网金融领域的表现备受期待。多位专家曾经表示，区块链将在互联网金融领域大有可为，并且成本低于传统模式。

在谈论区块链对互联网金融的影响之前，先看看互联网金融的产品形态。当前互联网金融的产品形态多种多样，下面从四个角度进行分类。

一是互联网金融基础性服务配套设施。互联网金融发展的基础性服务配套设施主要包括以大数据为核心的营销、征信、风控系统，以阿里云为代表的云服务和云计算系统以及以网络支付为代表的第三方支付系统。

二是互联网化的传统工具应用服务。互联网化的传统工具应用服务主要包括供应链金融系统、网络借贷系统、小贷系统、众筹系统、第三方支付系统、理财超市系统、大宗产品交易系统、股指期货系统、贵金属实盘系统、财经数据系统等。

三是"互联网+金融"的具体业态。"互联网+金融"的具体业态包括"互联网+银行""互联网+基金""互联网+券商""互联网+保险"等。

四是附属服务。互联网金融附属服务包括应用安全检测方面、金融信息安全方面、门户咨询、不良资产处置、咨询服务、法律、资产评估、会计事务所、审计、信用评级、公证与工商金融资质代办服务等。

然而，这些都是现在的金融形态，当区块链应用于互联网金融，互联网金融将构建一个"无须第三方中介信任的理想国"。关于区块链在互联网金融领域的应用，中国人民大学法学院副院长、众筹金融研究院院长杨东认为，比起传统模式，区块链在股权交易领域的应用将会有更多优势。

第一，数字股权凭证是一种创新的信任方式。股权转让将会因为独特标识符和数字股权凭证的使用变得更加便捷，有利于增强股权的流动性。另外，数字股权凭证便于监管，也易于扩展支持股权交易的合规性。

第二，区块链记账方式使得股权交易透明，有利于公司和持股人追踪信息。基于区块链进行的股权交易将会产生新型的数据管理和共享。公司和持股人可以通过数字身份凭证在权限管理体系中读取特定信息。

第三，清算和结算行为更高效。利用区块链进行股权交易具有多方协作的优势，这种优势使清算和结算行为更高效。

第四，安全性好、成本低。传统股权交易系统安全性不好，为了保障交易安全，需要从数据库、容灾、防火墙、运维等方面投入大量资金。而利用区块链进行股权交易则可以保证安全，降低交易成本。

8.3.2 腾讯：微众银行及其仲裁链

微众银行与华瑞银行共同开发区块链，用于彼此间微粒贷联合贷款的结算与清算。使得结算清算效率提高，成本也降低了许多。作为互联网银行，微众银行没有物理网点，业务模式也与其他商业银行有很大不同。

相关资料显示，微众银行通过与其他银行联合放贷来经营业务，其资金有 80% 来自其他银行。因此，对于微众银行来说，与其他银行顺利进行资金结算非常重要。在这种情况下，微众银行决定通过使用区块链来进行银行间的贷款结算。

区块链清算结算系统的运作模式是非常方便的，合作银行只需要将部分关键信息录入相应的区块链中，微众银行则提供统一标准的操作系统及对账服务，交互界面也是标准化的。这时，合作银行想要了解贷款详情或者对交易过程的风险进行监控，通过这些标准化的数据就可以找到答案。

这样方便快捷的操作解放了银行的业务人员，降低了人工成本，同时区块链使得一切操作标准化，减少了人工操作造成的错误，确保数据准确真实，也有利于银行的风险监控，确保贷款结算安全及时高效。

在这种模式的操作中，区块链发挥了重要的作用。借助区块链的分布式账本、共识机制、不可篡改、可追溯等特点，业务交易过程中的清算工作也在发生改变。首先，节省了时间提高了清算效率；其次，节省了人力成本。

由于区块链受到加密算法的保护，因此信息变更时，对方能够及时收到提醒，系统同时会将变更信息发送至每一个区块链节点，全网共享交易信息，避免了信息被非法篡改。区块链为微众银行的业务提供了创新的可能，使其朝着更好的方向发展。

8.3.3　阿里巴巴：区块链与蚂蚁金服的"碰撞"

2019 年 12 月，美国《公关日报》曾经对 2019 年 1 月至 10 月期间，全球主要公司的区块链专利申请数量进行排名。其中，作为我国最大的互联网公司之一的阿里巴巴位居榜首，其区块链专利申请数量已经超过 1000 件。

相关资料显示，阿里巴巴的绝大部分区块链专利都来自于蚂蚁金服。在蚂蚁金服的推动下，区块链已经在诸多金融场景中顺利落地，并且可以支持十亿级别的账户规模和交易数量。其实从很早之前，蚂蚁金服就开始在区块链领域进行探索，取得的成果见表 8-1。

表 8-1　蚂蚁金服在区块链领域取得的成果

时　间	取得的成果
2015 年	蚂蚁金服创立了区块链兴趣小组，致力于研究通过区块链追溯公益善款的应用。当时，蚂蚁金服模拟了一个公益机构、数位捐款者和受捐者，整个链路虽然不长，却能够环环相扣，而且实现了捐款信息的及时追踪。这是蚂蚁金服探索区块链的萌芽。此后，阿里巴巴开始自上而下地关注区块链，希望用区块链解决信任方面的问题
2016 年	蚂蚁金服第一个真正落地的区块链应用是"听障儿童重获新声"，这是一个公益善款追踪项目。该项目以极快的速度为 10 名听障儿童筹集到近 5 万位捐款者的公益善款，总金额达到了 19.8 万元。此后，蚂蚁金服又陆续落地了多个区块链公益项目，平均筹款时间要比普通的公益项目缩短一倍，这更加验证了区块链在建立信任方面的重要价值
2018 年	2018 年双十一期间，支付宝首先尝试在跨境商品溯源上应用区块链，为跨境商品提供独特的"身份证"。消费者只要用支付宝、天猫或者淘宝等 App 扫描这个"身份证"，就可以看到跨境商品从海外采购到国内配送的全链路信息
2019 年	蚂蚁金服将区块链正式应用在"长三角主要城市扫码互联互通"项目中，通过这个项目，国内 11 个城市的居民去对方城市时，只需要打开自己所在城市的交通类 App，就可以在其余 10 个城市扫码坐车，便捷出行。 过去，跨城出行的最大难点就是不同城市之间的票务结算，而区块链记载了所有的跨城交易，并且可以保证这个交易中的任何信息都无法被篡改。因此，每一个城市的地铁公司都能够从区块链上获取其他城市的地铁公司的行驶区段以及价格等情况，从而实现自动化的秒级票务结算。 "卖家秀与买家秀完全不符"是很多消费者都经历过的事情。原创卖家秀图片被盗，不仅会给消费者造成困扰，还会让卖家承受很大的经济损失。相关数据显示，淘宝上超过半数的卖家经常被其他卖家盗走图片，其中超过 70% 的卖家由于无法拿出确切证据而失去维权的机会。 2019 年双十一期间，蚂蚁金服第一次将区块链应用于卖家秀上，为卖家上线了区块链盗图维权工具"鹊凿"。通过"鹊凿"，卖家秀可以被记录和储存在区块链上，该卖家秀一旦被窃取，区块链就会在第一时间发现并采取相应措施。在 2019 年双十一期间，大约有 500 万张卖家秀得到了区块链的保护，这也使大量的卖家免受损失

区块链在早期也经历过"野蛮生长"的阶段，在缺乏政策引导和政府管控的情况下，很多公司都尝试着从各个角度对区块链进行研究与探索，例如，底层技术、解决方案等。但是从整体上来看，发展模式多元，发展速度良莠不齐，新的公司如雨后春笋般不断涌现，倒闭的公司

也数不胜数，市场呈现出一片混乱的景象。

但是现在，在政府的推动和规范下，区块链领域发生了重大变化。尤其是像阿里巴巴这种巨头的入局，更是让区块链的发展步入了正轨。依托阿里巴巴的强大生态体系，蚂蚁金服还将开发出更多基于"区块链+"的应用，以推动这项技术真正为社会带来福音。

8.3.4　百度：借区块链补贴红利损失

早前，为了加强技术实力，百度将大量的时间和精力投入到人工智能领域，这也使其遗憾地错过了互联网金融最佳红利期。之后，人工智能在金融领域的作用没有完全发挥出来，区块链就开始爆发，并为金融领域带去了诸多变革。

不过幸运的是，区块链让错过了互联网金融最佳红利期的百度迎来了新的发展机会。作为一个大规模的技术型公司，百度的技术资源和技术团队都具有显著优势，这也成为其入局区块链领域的强大保障。

与阿里巴巴的蚂蚁金服相同，百度也早早地进入了区块链领域，希望借助区块链弥补互联网金融下的红利损失。百度在区块链领域的战略布局见表 8-2。

表 8-2　百度在区块链领域的战略布局

时　　间	战　略　布　局
2015 年	百度开始组建团队，在区块链领域积极探索
2016 年	百度投资美国知名的区块链公司——Circle
2017 年	5 月，百度金融与佰仟租赁、华能信托等合作联合发行国内首个由区块链支持的 ABS 项目；7 月，百度推出了区块链开放平台"BaaS"，该平台已经解决了超过 500 亿元资产的真实性问题；9 月，"百度-长安新生-天风 2017 年第一期资产支持专项计划"在上海证券交易所发行，这是国内首单基于区块链的交易所 ABS；10 月，百度金融正式加入 Hyperledge（超级账本），并成为该项目核心董事会成员。 整个 2017 年，百度都在不断加快区块链的落地步伐。百度金融不仅可以利用区块链实现数据共享，为人工智能提供数据基础，还可以通过人工智能强化智能合约和分布式存储的效率。 基于"区块链+人工智能"的双生态体系让百度迅速崛起，区块链落地也就水到渠成

（续）

时　　间	战　略　布　局
2018 年	百度推出名为"莱次狗"的区块链宠物狗，其主要作用是帮助百度推广区块链以及旗下的各类软件。在"莱次狗"的热度散去之后，百度又趁势推出了首款区块链原生应用"度宇宙"，该应用既可以为用户打造一个多场景化的数字化宇宙，也弥补了百度在第三方应用方面的短处。 除了"莱次狗"和"度宇宙"，百度还推出了区块链原创图片服务平台"图腾"，该平台采用百度自主研发的区块链版权登记网络，配合可信时间戳、链戳双重认证，为每张原创图片生成版权 DNA，可以真正实现原创图片的可溯源。并且，基于区块链的存证系统和全网版权监控工具，"图腾"还可以对原创图片进行网络侵权检测，这有利于重构版权行业的秩序

从整体上来看，百度在区块链领域布局时，也像当初对待人工智能领域那样，投入了大量的时间和精力。而且从始至终，百度都在对区块链进行细致的打磨和沉淀，同时也在不断寻找可以为自己提供帮助的合作伙伴。

但是在"区块链+互联网金融"方面，很多公司都倾向于各自为战，各公司之间的相互制约还是存在，真正意义上的信息无障碍流通也依然没有实现。目前，互联网金融的红利还存在，公司只有摆脱传统思维，才能不被淘汰。

第 9 章　区块链+体育：未来发展的新方向

随着我国经济的快速发展，人们对于日常消遣的消费要求越来越高，其中体育消费就成为现代人生活消费的一部分。这也说明了我国体育产业蕴藏着巨大的潜力，同时也推动了体育产业的商业模式进一步创新。

区块链技术就是体育产业商业模式的又一大创新风口。在区块链逻辑里，体育产业是拥有价值的数字信息和数字资产，而不再是球员、赛事、门票等与体育相关的实体事物。在区块链技术的支持下，任何上链的个体都可以参与到数字化信息交易中，从根本上改变了传统体育产业基于个人、制度信任的商业逻辑，打破了价值传递障碍，推动了体育产业革命升级。

9.1　体育产业的痛点

体育产业由于粉丝效应存在着巨大的商业价值，但任何事物都是具有两面性的，体育产业是风口也是浪尖，在体育产业逐渐释放红利之时，所暴露出的问题也日益显著。

体育产业的诸多痛点阻碍着行业的发展，在全球范围内的体育从业者都受到时间、地域、政治和货币等诸多因素的影响，商业潜力难以被挖掘。不仅是国内健身房、体育场馆难以实现盈利，同时投资体育产业的部分公司盈利模式也有待考究。

9.1.1　用户、场馆、城市的数据安全问题

大数据时代的背景下，大数据技术的普遍应用促进了社会各行业的

发展。体育产业通过大数据可以分析出消费者的消费水平，以此来设计相应的体育产品和项目，不断提高体育产业的竞争力。

在这样的背景下，体育产业迎来的不仅是机遇，更多的是挑战，数据安全问题就是体育产业的一大痛点。下面将从用户、场馆、城市三方面分析数据的安全性问题，为以后能够更有效地促进我国体育产业的发展，根据大数据时代的特点，采取解决痛点的有效策略。

1. 从用户角度出发

有关于体育的各类周边产品，例如健身、跑步、赛事等，目前市场上还没有将这些需求进行整合的公司。所以基于不同用户的需求，客户端有不同的产品。而为了对每一名注册用户有更完整的了解来加大盈利，每款产品都希望尽可能多地获取用户的个人数据。

但目前几乎所有的产品使用的都是中心化数据库，这就涉及了用户隐私信息的安全问题。如果不从根本上改变中心化的架构，数据保存在这些产品的拥有者手中，就有可能被篡改、被泄露、被交易等，对用户来说这个隐患将永远存在。

2. 从场馆角度出发

越大型的场馆越注重数据的安全。很多综合类体育场馆都会自建机房，将软硬件系统都部署在私有云上。这样一来，对于数据的安全有了保障，但却破坏了数据的整体性。

以某大型体育场馆为例，场馆中包含 15 种运动项目的场地，但在场馆运营中各自使用了 6 套不同的系统，各自产生的数据完全独立，就连地下停车场都是使用两套不同的停车场管理系统，可以说是数据割裂严重的典型案例。对于场馆的负责人来说，想要去查看完整的数据，需要分别登录所有的系统进行查看。

3. 从城市角度出发

在城市中，各综合类体育馆之间的数据同样完全独立，政府要想对所有体育馆的宏观运营情况有所了解，就需要各场馆的负责人提交独立的数据报告进行整合后，再进行分析。

原本一体的数据，为了更加安全地存储而被割裂成独立的个体，这也是体育产业迟迟无法依靠大数据驱动的原因。

体育产业对于用户的精准信息采集，可能成为精准诈骗的帮凶。一些人把个人隐私信息当成赚钱的工具，通过售卖信息获得高额利润，并由此形成了黑色产业链。如何提高用户数据安全性，保护好个人信息，成为互联网时代体育产业的核心关切。

9.1.2　中间商成本高，上下游资源分裂

随着体育产业在全球范围内的快速发展，体育市场营销逐渐成为一门较为成熟的经济管理科学，并广泛应用于体育产品经营实践的过程中。

但目前我国体育产业存在内部结构不合理的问题。体育产业结构指的是各生产部门之间的技术经济联系和数量比例关系，既反映了各体育用品和体育服务生产部门之间在生产技术上互相依赖、互相制约的关系，也反应各类体育经济在各部门的配置情况和体育产业总产值在各部门的分布情况。

从体育市场营销角度分析，体育产业结构包括消费者、产品和生产商或中间商。其中生产商或中间商的问题最大。

由于体育产业具有多样化的业态，其中必然包含了大量的甲方与乙方、总包与分包的合同关系。由于只有各类顾问和总包商才有与业主直接签订合同的权限，所以目前比较常见的情况是，总包商再雇用分包商进行细分的工作。

一般在很多大型项目中，分包商在自身的工作范围内又是一个总包商的角色，继续分包给其他更细化的分包商。

这种单点接触的方式虽然有很多优点，但只要关系链一长，就不可

避免地需要许多中间商来连接其中各个节点。各类中介、渠道除了本身被雇用的报酬之外，由于整个项目的合同关系并不是公开透明、全员共享的，还可能存在中间商赚差价的情况，导致项目成本的大幅上升，上下资源分裂。

9.1.3　体育 IP 资产的价值难以完全释放

体育赛事作为一种 IP（知识产权），它的核心是内容。而俱乐部一般会被视为内容的生产商，并以联赛的方式不断优化赛事，最终将 IP 变现。在过去的五年里，全球顶级体育俱乐部价值都有增加（见表 9-1）。

表 9-1　全球顶级体育俱乐部价值增长表

球队	所属联赛	2014 年价值（亿美元）	2019 年价值（亿美元）	复合增长率（%）
达拉斯牛仔	NFL	18.5	40	17
皇马	西甲	14.5	36.5	20
巴萨	西甲	9.8	35.5	29
纽约扬基	MLB	17	34	15
曼联	英超	18.6	33.2	12

体育 IP 的变现主要是靠球迷的消费，情感是核心。体育生态圈参与者众多，包括了球迷、品牌客户、媒体、俱乐部、球员、联赛公司等，球迷通过购买门票及周边产品、付费订阅电视转播等方式消费，公司客户通过各种渠道进行广告赞助，但最终还是由球迷买单（如图 9-1 所示）。因此球迷是体育 IP 变现的基础，优质的体育 IP 往往能够唤起受众的情怀。

从目前来看，体育 IP 产业要想整体有大幅的升值空间，就必须解决体育 IP 资产价值流通的问题。大多数的体育 IP 都有经纪人，比如内马尔的经纪人是他父亲，但他运作模式依然是通过传统的中间商渠道，比如门德斯大鳄等。

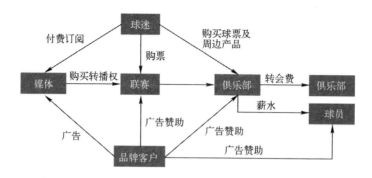

图 9-1　职业体育赛事经营生态圈

这种模式存在的问题就是：第一，头部 IP 的大多数收入会被少数几位头部经纪人和相关中介机构所得；第二，体育 IP 资产的价值并没有真正释放出来，因为大多数普通球迷并没有参与进来。

拿内马尔举例，假如内马尔的球迷购买了他代言的产品、他比赛的门票等，内马尔却无法通过某种方式获得相关收益。

体育 IP 是体育领域里面最重要的商业收入来源之一。比如足球运动员的转会费动辄天价，内马尔转会大巴黎的费用就高达 2.4 亿欧元。通过成熟的商业运作，体育 IP 资产，例如，赞助、肖像权、广告、周边等产生了巨额利润。但其中依然存在很多问题，从目前来看，体育 IP 资产的价值流通极为不畅，分配也不公平，潜力也远远没有释放出来，无法给行业里面的更多人带来价值收益。

这一系列问题可以利用区块链技术的去中心化、分布式储存等特性来弥补。通过区块链技术，各主体的所有贡献，包括内容、产品、交易等都能够在平台真实记录下来，然后所有的体育 IP 资产交易都在链上进行。这种方式让体育 IP 资产的交易透明化、资产可切割、流通更快，最终释放体育 IP 资产的市场潜力。

9.2　区块链助力智慧体育

造成体育产业各环节痛点的根本原因是区域中心化和信任问题，而区块链去中心化、安全透明、可追溯等特性刚好可以弥补其痛点。

体育产业发展的速度，随着区块链技术的到来将迎来再一次革命性的提升。这似乎获得了行业一定的共识：具备去中心化、透明性、开放性、不可篡改等特点的区块链技术，将解决体育这一朝阳产业中价值界定不明确、资源分配不均衡、过度中心化等问题。伴随这些问题的解决，体育产业将迎来全新增长点。

9.2.1 国际赛事的跨境结算与支付

许多体育赛事都属于国际性赛事，例如，世界杯、欧洲杯等。因此包括主办方、转播方、运营方、执行方等都是由世界各地的国家或者组织组成的，观众也是来自世界各地。而目前的结算方式主要是以"美元"为核心的中心制体系，这种体系导致整个跨境结算与支付过程效率不高、程序复杂。

拿我国消费者来举例，当我国球迷买其他国家赛事的门票时，由于币种不一样，就需要通过一定的结算工具和支付系统实现两个国家之间的资金转换。这其中就包括了银行、第三方支付平台、境内买家以及境外卖家等多个信息处理节点，在这个冗杂的交易流程中，信息传递的成本较高。

以世界领先的特快汇款公司"西联汇款"为例。即便它拥有先进的电子汇兑金融网络，在跨境支付方面，最快到账的时间也需要两天左右。然而加拿大一家银行 ATB Financial 成功利用区块链技术，将平时需要几天时间的支付过程缩短为 20 秒，并降低了将近一半的费用。

快速提高跨境支付效率主要得益于区块链技术的两个优秀特质：

1）去中心化的分布式结构。在传统的跨境支付流程里，各节点的信息都要经过中央系统。区块链的去中心化技术完美解决了长时间的信息处理和传递这一问题。整个流程的所有节点在执行处理时都会按时间顺序将信息记录在区块链中并向所有节点共享出去，简单高效，通过精简优化整个交易流程实现了全天候的跨境交易服务。

2）便捷安全的信任机制。在目前的支付流程中，信息对中央系统的过分依赖造成了安全性薄弱且成本高的矛盾现状。而区块链技术能在无须信任单个节点的同时创建整个网络的信任共识，解决了交易流程中的依赖缺陷，主动记录信息并实现信息透明，共同建立起整个流程的安全信用体制。

区块链技术带来的跨境支付与结算方便的改革是必然的。未来银行与银行之间可以不再通过第三方，而是通过区块链技术实现点对点的支付，不但省去了第三方平台的佣金成本，还可以实现实时到账等高效服务。

运用区块链的技术进行跨境结算和跨境支付则会有效提高各国之间的交流和结算效率，从而更快捷地实现国际赛事的举办。

9.2.2　俱乐部趋于通证化

在通证化的领域，已经有一些俱乐部开始尝试了。2019 年年底，尤文图斯宣布推出全球首个球迷代币产品 Fan Token Offering(FTO)。其主要目的是为便利意大利足球俱乐部开展的相关活动，球迷使用尤文图斯球迷代币（$Juv）可以对俱乐部的一些具体决定进行投票，同时还可以获得奖励。

这是体育史上首次高端俱乐部代币化，同时也是数字货币发展史上重要的事件之一。因为尤文图斯目前在世界拥有庞大的球迷基础，他们每天参与其中，为推广$Juv 做出努力。

其创始人表示，$Juv 的诞生将为体育、足球、区块链和数字货币应用带来奇迹。他指出："尤文图斯的代币化对足球领域来说是一个开创性的时刻，它也是向区块链和加密货币趋势迈出的一大步。通过俱乐部，普通球迷可以接触到加密货币以及一个区块链平台，在那里他们可以使用数字资产参与俱乐部的决策过程。"

在以后的各个赛季中，球迷将有更多的机会对公司将要做出的决定进行投票。但只有 $Juv 持有者可以参与投票过程，虽然平台没有说明投票所需的最低金额，但每个代币的定价应在 2 欧元左右，并不需要球迷太多的投入。

俱乐部还计划在明年的某个时刻推出一个新的 Marketplace 产品，它将支持社交互动，允许球迷之间聊天，并让球迷有机会直接交换代币。这样的制度可以让世界各地的球迷深入参与俱乐部的决策中来，提高了球迷之间的黏性。

9.2.3　加强体育广播权的管理

就目前的市场来看，拥有体育转播权象征着拥有一笔不小的财富。根据报道，英国电信支付 11.8 亿欧元价格获得了欧罗巴联赛和欧洲冠军联赛的独家转播权。

随着互联网的发展和新技术的出现，人们的日常观看习惯也都在改变，权利市场也在日益分化。球迷或是粉丝们正在通过网络、智能手机以及传统的电视机来观看现场直播。

体育比赛版权所有者可以利用区块链网络，来追踪他们获得授权的权利，以加强体育广播权的管理。这样他们就可以识别未被开发的权利，并利用区块链网络，通过智能合约实现权利的自动转移。

这就是区块链技术的重要性以及它在体育产业中的潜在机遇。尽管它还没有完全发挥潜力，但在未来，体育产业的区块链发展看起来很有希望。那些想在体育领域保持领先地位的人应该抓住区块链所提供的创新机会。

全球都可以期待区块链将给关键行业带来的便利，投资者和初创公司将培育区块链的潜力，包括反兴奋剂、电子竞技和体育投资战等，所有的技术革新都会让我们思考未来。

9.2.4　性能指标与统计数据

随着体育产业的发展，将会产生大量的数据，但这些数据尚未被充分利用。比如运动员的表现指标，对于制定训练和指导计划是非常有益的。

区块链作为一个高效、可靠的分布式数据账本，从可信的来源和生物特征测量中收集数据，并直接记录到总账中。例如，BraveLog 是在微软平台的大力支持下发布的，它创建了一个可信的、不可改变的生物特征和族群数据记录。像生物特征测量、脉搏速率和比赛指标这样的数据，可以从测量设备直接添加到数据库中，并被验证为可信的。主要目的是想让运动员清楚地了解他们自己的能力和教练在大数据的帮助下有效地制定个人培训计划。

在未来，"区块链+体育"的模式是非常被看好的，依托区块链技术去中心化的特性与优势，完全有可能再创立一个新型体育生态，彼此间由合约构建信任体系。一旦这样的网络崛起，互联网巨头的力量就有可能会被消解，数据权就有可能会重新回到用户手中。

9.3　案例汇总：区块链体育的奇思妙想

将区块链技术引入到体育产业中，期间的爆发是需要积累的，这是一个循序渐进的过程。区块链的重要性是其能够改变生产关系。它创造了一种新的社会生产关系，一种新的社会秩序和新的商业模式。

从体育产业的角度来说人们希望通过区块链技术能产生更大的经济效益。以下是几个目前运用区块链技术的公司，它们的案例将会给区块链和体育市场带来一定的启发。

9.3.1　Combo TV：上线区块链体育竞猜平台

区块链技术作为一个新的激励机制，它的治理模式公平透明，给娱乐行业注入了新鲜血液。从这个角度而言，区块链或许将从根本上改变娱乐行业的经营模式。

传统的娱乐行业大都是股份制思维，追求利润最大化，很难做到真正意义上的用户第一。但在区块链通证经济机制下，用户既是投资者，也是利益的分享者。平台开发者的收益方式，也不再是单一的平台付费和广告收入，他们可以通过用户获得研发资金，这样一来，平台的主权也将回归用户。

在技术层面，区块链娱乐平台主要采用的是去中心化运营，将所有平台数据存储于区块链上，使平台项目数据更加透明，从而杜绝平台运营方随意篡改数据，保障了用户的资产确权，平台也更加公平安全。

此外，娱乐平台使用智能合约技术实现用户资产可随时随地交易流通，且具有了现实投资价值，充分保障了用户的利益。例如，全球大型体育竞猜类区块链游戏平台——Combo TV，其对区块链技术的运用就值得思考与借鉴。

Combo TV 是一个专注于体育竞赛类现场直播的竞猜投资娱乐社区。该娱乐社区采用了区块链技术作为底层协议进行竞猜类娱乐项目的开发，包括共识机制、智能合约、加密算法、安全机制和储存等组件，实现竞猜玩家以点对点的形式互动，并基于协作网络的共识技术使胜负裁决变得更加透明公正。

MSC 作为 Combo TV 平台投资活动流通的载体，是由 MSC 基金会发行的一种加密代币，用户可提现或投资于交易所。这也从另一方面保证了用户的利益。

Combo TV 团队一直致力于提升用户体验，开发人员正致力于完善各方面功能与增加趣味性，该平台未来发展值得期待，也值得体育产业的借鉴。

9.3.2 All Sports：借区块链填补体育产业空白

早在 2018 年，All Sports 公有链代币 SOC（All Sports Coin）正式上线两大海外数字货币交易所——火币 Pro 和 OKEx。两家一线交易所联合首发，预示着 All Sports 通过区块链技术对体育产业空白的填补得以实现。

All Sports 公有链平台利用区块链技术，结合体育产业和商业市场，为开发者提供了一整套方便快捷的支付结算和应用开发界面协定。目前，All Sports 平台涉足包括体育信息和社区开放平台、体育 IP 资产交易和推广平台、竞猜娱乐平台以及应用开发平台等多个领域。

2018 年，全球体育产业年产值接近 2 万亿美元，在线体育信息和社区是现在用户规模最大的体育应用场景，体育 IP 和博彩是体育行业最大的变现途径和收入来源。然而，体育社区长期以来存在激励结构不完善、IP 商业价值挖掘度低、竞猜市场不公等问题。

但 All Sports 在体育社区方面，利用去中心化的分布式账本记录所有参与者在社区中的互交行为，让社区用户得到了跟自己付出相对应的回报。在该平台，很多用户发了很多有价值的帖子，付出了很多劳动，比如评论、回复、组织活动等，All sports 公有链可以给这些用户的行为进行价值评估，最终这些用户可以得到相应的经济回报。

为此，在 IP 资产交易推广、竞猜娱乐应用等所有交易行为中，All Sports 将通过提供核心应用的 API 来助力开发者实现资源变现。最终，可以打造出一个去中心化的，渗透体育产业链、权益公用、价值共创的全体育区块链平台。

All Sports 发行的加密数字货币 SOC 是针对体育信息和社区激励机制的消费行为，为平台智能合约交易提供运转媒介。据悉，All Sports 将推出 SOC 专属钱包，包含查询、转账、实时汇率兑换等功能。除了为 SOC 流通提供了便捷，也保障了 SOC 的安全储存。

All Sports 团队具有强大的技术能力和线下资源整合能力，目前已经和移动端全球最大足球媒体和社区之一 All Football 达成战略合作伙伴，并与全球顶级体育精彩资料提供方和服务商、世界顶级体育明星等达成区块链合作共识。

区块链技术带来的思想与技术革命席卷了全球各个领域，完全改变了人们对其相关领域的认知。All Sports 运用区块链技术打造了一个全新的"区块链+体育"的产业链，实现了开放、透明的良性体育生态。

9.3.3 CryptoFootball：新颖的"区块链+足球"

以太坊是一个开放的区块链平台，任何人都可以构建和使用基于区块链技术运行的去中心化应用程序。在这里，没有人能控制或拥有以太坊——这是一个由世界各地多人建造的开源项目。在以太坊平台上创建新应用程序很容易，而且任何人都可以安全地使用这些应用程序。

以太足球（CryptoFootball）就是一款在以太坊平台基于区块链技术打造的足球模拟经营类游戏。该游戏玩家可以赢取以太坊的虚拟货币——ETH（以太币）。

该游戏的经营逻辑是这样的：每个球队都是一个智能合约令牌，智能合约采用区块链合约标准，每个令牌都是独一无二的，是稀缺的真正的"收藏品"。玩家拥有的足球队就是唯一的，每天将得到免费的虚拟货币和球队赢球时的分红。

当玩家购买球队后，球队的价格将自动翻倍。当其他人以当前价格购买时，他们将自动抢走该玩家的球队，该玩家也将失去该球队的拥有权。但是该玩家将获得当初投资的 2 倍的 ETH，也就是 100%的收益。

以太坊的概念主要是利用区块链技术产生一条公链，并基于公链发行相应的代币。通过将不同游戏接入区块链平台，玩家可以使用相同代币玩任何一款链上游戏。还能在链上流畅地进行 B2B 或者 B2C 交易。

通过以太足球的例子不难看出，游戏的虚拟资产能和平台发行的代币互换的原则在区块链平台起到了导流作用，降低了游戏公司推广成本，同时也为每一位玩家提供了更多机会。平台会根据玩家的贡献大小提供相应的奖励，给游戏玩家更好的游戏体验。并且使用区块链的分布式记账技术对虚拟道具进行定价和确权，可以催生更多的玩家投入。游戏中虚拟道具的产出消耗将不再是制作团队或运营方背后操作的结果，玩家对道具价格会更加认同。同时，基于区块链对虚拟道具归属确权会让虚拟道具拥有更大交易和投资的空间，玩家手里的虚拟道具将不再是沉没成本，玩家可能会愿意在游戏内投入更多。

　　基于区块链技术对游戏制作者的作品（如模型资源、美术设计等）进行确权，可以规避一部分抄袭等问题，并让制作者获得更合理的回报，同时也能催生更优质的资源产出，提升游戏质量。

　　虽然区块链技术的确能够解决当前游戏行业和体育行业存在的一些问题，但当前区块链技术还处于初级阶段，很多相关基础设施还不够完善，技术和监管也都不是很成熟。如何能在这个浮躁的市场中踏踏实实地做一款有灵魂的产品，或许是当前区块链体育和游戏娱乐等行业更应该思考的问题。

第 3 篇　运营篇
——掌握区块链落地秘籍

第 10 章 入局区块链行业，如何做营销

新鲜事物的出现经常会伴随着质疑的声音，区块链在市场中作为一个新鲜事物，存在机遇的同时也伴随着风险。从目前情况来看，区块链行业形势向好，很多人都在关注区块链行业的下一步发展。

无论哪个行业，谈到发展重心，从业者们最先想到的有可能都是营销。区块链行业同样如此，互联网行业的从业者和区块链的投资者都在期待着未来区块链营销的发展。因此，下面将分析如何做好区块链营销。

10.1 虚拟货币交易平台

要想做好区块链营销，需要根据区块链的特性来发展。由于区块链的高安全性、数据不可篡改性、去中心化和透明性等优势，我们首先想到的就是虚拟货币交易平台，也可以称之为数字营销。

随着技术的发展，目前在市场中已经出现了一些虚拟货币交易平台，并且这种分布式分类账技术已成功在市场空间中立足。如今，在市场中的每一个行业，几乎都有这项新技术的支持与参与。

区块链营销为传统营销带来了激烈的竞争，因为它拥有解决目前营销痛点所需的各种优势。本小节将具体分析如何在虚拟货币交易平台中，发展区块链行业营销。

10.1.1 拉新：自有渠道+市场渠道

通过对现存的主流数字货币交易平台的长期观察，"拉新"是运营

工作中的一大要点，尤其在互联网行业中，一家公司用"拉新"作为常用的运营手段是件再普通不过的事情了。所以基于互联网的区块链行业也是如此，只是虚拟货币交易平台的运营手段相比互联网营销来讲更加简单、直接。由于该交易平台本身承担着帮助用户交易虚拟货币的重要作用，所以它们的目标就是"拉新"、促活、留存然后转化成付费用户。

和所有行业项目的结构相同，用户也是虚拟货币交易平台成交的基础，并且成交的每一笔手续费都会成为平台的利润。所以只有更多的用户注册使用平台，平台才会有人气、才可以聚拢更多的用户。况且创造虚拟货币交易平台本身的目的大多都只有两个：首先是盈利；其次就是打造平台的知名度，引起更多人关注，然后持续更多的盈利。

作为虚拟货币交易平台，"拉新"的思路主要通过两种：自有渠道和市场渠道。其中自有渠道还可以分为老带新和新带新两种方式。下面我们分别从这两种渠道讲述"拉新"的具体方法。

1. 自有渠道

在自有渠道中，先讲述的是老带新。老带新指的是平台需要利用奖励机制，使现有的老用户邀请很多新用户的加入。

拿币赢网来举例，它是一款面向全球提供多种数字货币交易服务的国际交易平台。它的机制就是让老用户邀请新用户。这样的奖励机制，不仅达成了"拉新"的目的，还提高了平台的交易额度，可谓是一箭双雕。

其他平台也有类似的方法，例如：老用户邀请新用户可获得平台虚拟货币；老用户邀请新用户注册可减免交易手续费；设置排行榜系统，根据邀请人数实时显示，对排在前几名的老用户进行奖励等。具体采用什么营销手段，需要根据平台的实况和目的来决定。

这些方法到底哪样适合自身的交易平台，作为交易平台，可以进行AB 测试（AB 测试是指平台为优化机制做出两个或多个版本方案，在同一时间维度，分别让相似的访客群组随机地访问这些版本，收集各群组的用户体验数据和业务数据，最后评估出最好版本），根据市场结果进行正式采用。

在自有渠道里，第二种方法就是新带新，新带新指的是一个新用户邀请另一个新用户可以获得的奖励。

例如，平台可以制定新用户注册立即送虚拟货币、新用户再邀请新用户注册可以送双倍币、邀请新用户注册双方都可以减免货币交易手续费等方法。只要是可以刺激新用户能带动更多新用户的奖励机制都是可行的。

2．市场渠道

市场渠道也是市场运营的重点。因为无论在哪个平台，都有很大一部分人不是平台的注册用户，如何获取他们是"拉新"至关重要的一步。

对于现有平台来说，"拉新"的常规方法有：找行业内的"领头羊"给自身平台背书、通过市场团队或营销人员做市场推广、让运营和设计团队多接受一些专业采访或参加并组织区块链行业会议来打造知名度。

在重要节日或是重大活动中"蹭热点"做活动也是虚拟货币交易平台常用的方法，这和互联网营销区别不大。但在区块链营销中，与互联网行业最大的不同便是虚拟货币交易平台"拉新"非常注重平台自身的币种。

具体来讲就是各大平台都在抓紧机会第一时间设计研发出新的虚拟货币种类，而且种类需要符合自身的平台概念。因为一旦某个平台首发了新币种，就意味着会吸纳一大部分支持这个币种的粉丝注册，同时该币本身的高聚焦度也会转移到平台上，间接为平台打造出高流量、高热点。

除此之外，在我国一些大型交易所凭借着原本的经济实力可以推出自己的平台币，把人们的关注度都聚焦过来，并将这些人转化为会员。

10.1.2　留存转化盈利：提升交易体验

要想将虚拟货币交易平台营销做好，第一步肯定是"拉新"，第二步就要提高用户的留存转化率，这也是平台盈利的先行条件。但要想通过用户的留存转化提高平台利润，打造良好的交易体验尤为重要。

要想营造良好的交易氛围：第一，虚拟货币交易平台本身要有足够多的币种供用户选择；第二，对平台的服务器等技术方面有非常大的要求，要想使用户在通过平台交易时有足够流畅的体验感，就一定要防止用户操作时有过多的卡顿等状况；第三，平台本身的安全性要足够高，也就是说平台本身的区块链技术一定要时刻完善。

还有一个可以影响交易体验的问题就是手续费。如果几家平台的上述体验相差无几，那用户一定会选择手续费偏低的那一个。但这一点的优先级相对前面三点来说略低，因为在金融行业里，手续费相差几块钱到几十块钱远没有由于安全问题被盗或者由于卡顿没有交易完成所带来的风险大。

为了提高用户留存转化率，促成交易和规避风险，有的交易平台还会设计出相应的产品功能及制度规则。比如，交易平台几乎都有机器人的自动化工具，一方面可以在用户使用充值提现等简单操作时提高效率、提升体验；另一方面还可以根据平台设定的规则，促使用户尽快完成交易。

除了机器人之外还有一个产品——杠杆交易。杠杆交易在股票、基金等传统金融行业存在时间很长了，它最初的设定是为了对冲大资金的风险。

为了对冲杠杆交易的风险，有的平台也做出了一定的产品规则设定。例如 OKEx 平台，当用户买入价和现价一旦相差太大就会取消交易。大多数交易平台也都会提醒用户，以防用户误操作而带来损失。再例如火币，该平台针对杠杆交易有倍数限制。现在的交易平台也都会有自己的官方群或者电报群，随时解决用户的疑问。

以上这些对用户的留存与转化都是非常重要的，规则与机制的设定，可以大大提升用户的体验感和平台知名度，达到充分赢利的目的。

10.2　一级市场币开发运营团队

与其他新兴的科技行业一样，区块链作为一个高度技术化的领域，面临着多方面的挑战，但同时也有着极大的增长潜力。尽管有些人可能认为区块链营销方法有些过于老旧，但目前目标客户和运营团队却依然运用旧方法做出了新天地。

10.2.1　打造垂直产品，让币先火起来

从区块链营销角度来看，相较于打造一个平台，各币种的运营开发团队更像是在打造一种垂直产品。他们的目的是先让自己开发的币种火起来，然后再上市发行，进而获得融资以支持开发再提升币价，最后获得成功。

在现如今的虚拟货币市场，想要提升一个币种的知名度，很重要的一点就是找大 V（大 V 是指在新浪、腾讯、网易等社交平台上获得个人认证，拥有众多粉丝的用户）合作，让互联网红人做推广，这也是目前推广各互联网产品最常用的一个方法。

要想先让币种火起来，这种造势是必不可少的。互联网传播信息的速度快，在大众对币种不太了解的情况下，可以通过互联网给他们留下一个好的印象，例如，团队优秀、技术先进等。这样便于为以后的工作奠定良好的基础。

这种在一些人看来比较传统的营销方式，其实在互联网这个大环境下相当有效，用在区块链营销中依然可以产生好的作用。有些团队凭借这种营销方式让自己的币种展示在大众面前，并获得了大众的认可。

另外，饥饿营销也是一种不错的方案。关心金融市场新闻的人可能

都有了解，当年 RNT 就做了饥饿营销。当它在一级市场进行融资时，用户是需要去官网抢购额度的，有白名单的用户可以抢购 18Eth 价值的 RNT，而没有白名单用户则很难抢购到 RNT。

除了在一级市场融资时可以大力营销推广，虚拟货币在上市的时候还有更多的营销方式。首先在币上线到交易场所前后可以先联合各大交易所、公众号等社交平台做各种惠民活动。并且在上线时尽量选择比较大的交易所，如果能够联合多个大型交易所同步上币那样会进一步扩大币的影响力。再者就是根据节日、重大事件等热点推出相应的活动等。在过去的案例里比较成功的应该是 kcash 的春节送币红包，当时 kcash 从除夕开始一直到节后开工第一天，每天都联合几个大 V 公众号定点送币，参与人数众多，很大程度上提升了其知名度。

10.2.2　通过社群做长期运营

目前市场上，一个币的官方运营方法几乎都有社群运营，而单一币种作为垂直产品讲究的也是长期运营。社群运营，是一门看起来相对简单的工作，但其中蕴含技巧很多。对于一名优秀的社群运营工作者来说，一定要将定位、规则、价值、互动等几个方面的实际操作掌握熟练。

币的运营团队对社群运营要有一个正确的认识。它拥有着高垂直度、高转化率和用户距离感小等的优势，是官方或者个人通过建立社群的方式达到某个目的而进行的关系维护，进而和用户直接产生联系。

1．明确社群定位

随着区块链的发展，不仅是币市，更多的公司也纷纷投入到做社群中来。但无论是哪个行业，无论是官方还是个人，社群都需要有明确的定位。

社群定位是很关键的环节，例如一个币种的官方运营团队想打造一个垂直产品，那么就一定要先想明白：这款产品能够为用户提供什么样的价值。并且在社群建立之初，运营团队还需要经过分析来定位用户群体，用户如果能够进入这个社群，就说明他们对这个社群有需求。并且该社群存在的价值是要解决加入用户的某些问题，提供独有价值，这样的社群才有意义。

2．明确社群规则

社群是一个系统，需要从结构、规则等方面来定制具体的群规。有些反例就是当运营社群时，管理者在发布群公告的时候，仅仅是禁止发什么、禁止做什么。这是一个极其错误的做法。这样创建的社群，只能称之为一盘散沙。因为从系统的角度来看，社群是由相互联系的元素构成，并且能达到某个目标的整体。如果一个社群没有规则，就更别谈目标了。

3．持续提供价值

要想一个社群长期活跃、留存度高，运营人员需要为用户提供他们想要的价值，方法一是做好内容输出，方法二是策划优质活动。

4．最好的社群运营是自运营

每当初创者搭建一个社群，在这个群里，一般会有几个表现突出的用户。他们有自己的思想，会主动维护社群氛围，属于该社群的核心用户。核心用户在整个社群中担任了管理员的角色，他们一般是该社群运营者的直接联系人，需要对普通用户进行管理与服务。

除了要对普通用户进行管理和服务，管理员还需要在社群中制定相关的规则，例如，进群后要修改名字、不能乱发广告等。通过规则的制定来维护社群的稳定。当然，在社群中提出话题、议论话题、活跃气氛也是核心用户需要做的。

币市在发展社群时一定要注重运营的度，不然就适得其反了。拿当年HSR 的例子来讲，当时它的宣传太过于强势，导致其他币都不敢发声。过度宣传营销吸引了一大批忠实粉丝跟随，当时人手一个 HSR 都不为过。

不过也正是由于它的过度宣传，后来其市场表现达不到人们预期的标准，再加上技术延期等原因，导致粉丝对其失去了信任，现在该币还处于一蹶不振的状态。

所以说，作为币的开发者和运营团队，还是应该将主要精力放在技术研发上。营销方式只是发展过程中的一部分，等上了主链、侧链、公链后，也还是会有大批人关注的。

第 11 章 怎样快速辨别区块链项目

最近区块链技术在市场上大火，很多公司的项目都加上了区块链的概念。这就导致目前区块链市场上的项目鱼龙混杂，还有很多以"预测大神""项目大师"等知识付费手段来欺骗群众的资源与财富的"假项目"。

其实区块链技术没有传说中那么神奇，区块链技术是未来互联网的基础之一，它仅仅是把已经成熟的各种技术巧妙地组合起来，并利用一套完整的价值激励机制来推动互联网的正向发展。

所以，作为公司的项目负责人，一定要清楚区块链技术不是万能的，在做投资之前不仅需要好好考虑，还需要学会辨别区块链项目的真伪，谨防受到不必要的损失。

11.1 好的区块链项目有三个共同点

区块链技术本质上就是分布式的互联网协议和价值网络的联合。目前，有很多创业公司都利用这项技术来试水区块链项目。

从一些公司案例分析中发现，虽然区块链领域很新、泡沫很多，但优质的区块链项目和优质的公司是有非常多的共同点的。下面将用目前市场上真实的案例来分析到底怎样的区块链项目才称得上优质的项目。

11.1.1 理论基础足够扎实

目前在市场上，有很多创业公司都涉足了区块链领域，在如此庞大的队伍中，要想表现突出，就一定要有受到广泛认可的优质项目，其中最重要的一点就是用理论基础取胜。

下面以 Quantstamp 和 CertiK 为例，它们就是用扎实的理论基础来取得了一定程度的胜利。

首先从 Quantstamp 说起。它是一个基于以太坊平台、专门帮助区块链开发人员和全球项目使用其技术对合同进行经济高效的安全审计。在它所创造的成就中，最亮眼的就是它是目前唯一一家被全球顶级孵化器 YC（Y Combinator）支持的项目。

其实目前市场上有很多做智能合约审计和简化的项目，例如，Etherparty、BlockCat、ZeeplinOS 等。那么为什么只有 Quantstamp 从一众相似项目中脱颖而出后一举被 YC 看中了呢？其实它凭借的就是完备又扎实的理论基础。

智能合约其实就是一段程序，并且和任何程序一样，它随时都有可能产生 bug 和漏洞。前文提到过，现如今几乎所有人都在谈论资产上链的问题，一个智能合约的漏洞很可能导致价值上千万甚至更高的数字货币的损失。如果安全问题都无法保证，那么就更不要提一个项目的区块链资产了。

而 Quantstamp 就是来"监督检查"这些智能合约的区块链项目。它的项目内容主要有两个：首先，它是一个用于检查 Solidity（一种智能合约高级语言）程序、可升级的软件验证系统；其次，它的奖励机制可以给发现智能合约漏洞的用户提供动力。它的形式化验证（Formal Verification，可以确保某种错误的状态不会再发生）、环形签名（用于提高区块链的隐私性）也是围绕这两个主题展开的。

第二个案例就是 CertiK，它是以完备的理论基础取胜的另一个代表。Certik 是一家用形式化验证为智能合约、区块链项目提供安全保障服务的公司。

CertiK 的联合创始人顾荣辉教授曾经说过："'形式化验证'就是用逻辑语言来描述规范，通过严谨的数学推演来检查给定的系统是否能满足要求"。通俗语义上讲就是用数学方法去证明该系统是无 bug

和漏洞的。

这样的说法也许有些抽象，下面拿黑客攻击智能合约来举例。

假设一位用户用智能合约购买了一台计算机，当用户的钱还没有转入卖家的银行账户前，计算机在法律层面上讲依然是卖家的。但是黑客找到了该智能合约的潜在漏洞，通过改变程序，假装钱已经转到了卖家的账户上。这时智能合约条件满足后订单完成，就会自动将计算机的所有权归为买家，而卖家既没有收到货款又损失了一台计算机。

当开发运营人员用传统方法想堵住可能的漏洞时，他们会设想出许多可能遭受攻击的路径，再针对这些情景做出测试。但如果黑客用了一种开发者们都没想到的方法，这个智能合约就可能会被入侵更改。用数学的概率来讲，就是传统方法虽然在 98% 的情况下都有效，但却无法保证 100% 的安全性。

CertiK 就是将这最后的 2% 的漏洞修复好的项目。它采用形式化验证技术，将智能合约转化成数学模型，通过逻辑推理演算来验证模型，这样就足以保证智能合约的安全性。一种是靠开发者的经验去设想可能的遭受攻击，一种是靠严谨的数学逻辑思维去验证合约的安全性，哪种安全性更高不言而喻。

由此可见，完备、扎实的理论基础就是拉开优秀的区块链项目和普通项目最后 2% 差距的原因，所以当从业者或投资者在鉴别一个区块链项目是否值得关注的时候，理论基础是否扎实是重中之重，它可以为整个项目以后的快速发展打下坚实的基础。

11.1.2　具备丰富的从业经验

辨别一个区块链项目是否可靠，除了需要有扎实的理论基础之外，还需要有丰富的从业经验。如果一个项目的开发运营人员拥有丰富的从业经验，那么这个项目在它所从事的领域甚至多个领域会拥有扎实深入的根基，他们的团队也会拥有解决许多难题和应对多种风险的能力。

　　下面依然用现有市场的具体实例来说明。Ontology（本体网络）和NKN就是两个拥有丰富从业经验，并且将项目推行得很好的实例。

　　首先来介绍Ontology，它是一个基础性的、目的是解决信任问题的公有链网络体系。因为长期以来，在实体经济中，为解决信任问题需要付出很高的成本和人力，更不要说在互联网行业亦然。

　　在互联网中虽然有各种不同的信息收集渠道，但这些渠道都是相互独立的，每个渠道的机制解决自身渠道的问题，由于数据的不开放，渠道之间缺少可信的桥梁。

　　Ontology担当的就是这个"桥梁"，因此Ontology又被称为"链网"——区块链之间的互联网。它也是目前技术最难、价值最高的跨链协议之一。它的目标是让用户对自己的数据有支配权，就是有数据"链接"与"授权"的权利。

　　Ontology一经问世，就得到了各大媒体的广泛关注。它的创始人李俊曾在国内领先的区块链技术公司Onchain担任联合创始人、核心架构师，这为Ontology带来了极大的资源和技术支持。

　　并且Ontology也是由他在Onchain时所带领的区块链技术团队作为技术主导。Onchain的技术团队成员具有丰富的从业经验，从底层技术支持到业务系统开发都得心应手、应对自如。

　　下一个例子就是NKN。如果说以太坊是去中心化的计算机平台，Filecoin是分散存储网络，那么NKN的目标就是要利用区块链技术做去中心化的传输网络。

　　该团队也拥有非常丰富的从业经验，其创始人李彦博也曾是Onchain的核心开发者，曾成功研发出许多优质的业内项目。此外，现代密码学之父、图灵奖得主Whitfield Diffie也紧随其后加入了NKN，他凭借多年的行业经验，再加上NKN创始人李彦博在原公司的开发经历，使得NKN一登台就取得了广泛关注。

　　这两个项目有着经验丰富的技术团队，并且团队成员均为区块链爱好者，能够从用户角度优化平台体验。同时他们还掌握着顶尖的行业技术，充分优化处理机制，保障核心服务的高性能。所以说团队的经验有着无可比拟的优越性。

不仅如此，他们强大的资源优势也让竞争对手望其项背。通常来讲，平台创始人和其团队如果在业内拥有一定的地位，那么就相当于这个项目拥有强大的银行级资产作为安全保障，从平台资金管理到业务交易等各级层面都具有相对完善的安全保障。每一环都能确保用户资产的安全，可以及时发现异常账户操作，降低了大部分的风险。

由此可见，一个团队如果拥有丰富的从业经验和资源，也可以为整个区块链项目以后的发展保驾护航。

11.1.3　从人才到社区的国际化

和互联网公司相比，区块链项目的去中心化和全球化更加突出。这就和我国一句俗语相呼应——众人拾柴火焰高。这个特性不只是反映在区块链项目的核心团队上，更反映在优质的社群身上。下面作为案例的几个优质区块链项目里，几乎都有一支全球化的团队和一个国际化的社群。

比如前文提到过的 Ontology，在其近百人的团队里，高达八成都是来自 IBM 等大型公司的专业技术人员。据了解，Quantstamp 和区块链视频公司 Lino 等公司的技术人员大部分也都来自各大藤校（常春藤联盟）。

再以 CertiK 为例，联合创始人邵中拥有耶鲁大学计算机系主任兼终身教授、普林斯顿大学博士等诸多头衔；另外一名联合创始人顾荣辉也是清华大学本科、耶鲁大学博士，同样拥有 20 余年安全领域工作经验。这样的一支学术实力雄厚的团队，让 CertiK 拥有较为完备扎实的理论基础。

这些顶尖、优质的人才纷纷到区块链行业聚集，也从侧面反映出这个领域的无限潜力。当然，由于区块链项目的特性，只靠优秀的核心团队还支撑不了整个社群的发展的，还需要有国际化的社群。

QtumBlockchain（以下简称 Qtum）是致力于开发以太坊和比特币之外的第三种区块链生态系统。它的海外社区，尤其是韩国社区运营得非常好。韩国交易所 Zeniex 的 CEO 崔敬俊在采访中就提到过 Qtum 在韩国的受欢迎程度——不仅 Qtum 创始人帅初在韩国是网络红人，并且 Qtum 在韩国区块链圈内也是一个家喻户晓的名字。

可以在众多区块链项目中发展出如此大的规模与名气，Qtum 注重建设的海外社群功不可没。韩国本土的区块链项目与我国、日本等周边国家相比来说较少，导致他们本地很多投资人都转向了韩国海外项目。

而由于 Qtum 非常注重社群的运营，这在进军韩国的道路上顺利了许多。不论线上线下，他们通过社群管理聚集了一批对项目充满期待的韩国粉丝，并建立了生机盎然的生态系统。这就相当于这个项目在海外市场拥有了大量的用户，从营销层面来看，用户是发展的根本，所以 Qtum 在韩国的成功，也就更加顺理成章了。

再来浅析另一个社群运营得非常好的内容价值预测平台 U Network。作为一个不算成熟的项目，U Network 的社群发展得非常迅速——社群成员遍布八十多个国家，并且社群成员数量曾在一个月内以十倍的速度迅速增长。

和现阶段的互联网行业相似，在区块链领域里，酒香也怕巷子深。明明有些项目质量很好，但由于社群的拓展与运营技巧的不得法，往往会使一个好的项目被埋没。所以 U Network 的运营团队分享说，尽管社群成员数量一直快速增长，但其实他们更注重的却是粉丝们的质量，他们在成员加入社群时设置了"门槛"，严格把关成员的质量，保证每一位入社群的成员都拥有成为忠实客户的潜力。

另外，U Network 团队还非常注重和每位成员的互动。在他们社群中的每位成员都会得到工作人员一对一的交流与沟通、对于所有成员对项目的疑问他们都会一一作答。而且项目方和粉丝完全透明，每周都会定期向成员们做项目进展程度汇报。

U Network 对社群运营的付出得到了超出预期的回报，他们的粉丝们不仅自发地召集设计师来设计海报、设计相关的产品，甚至还有漫画，还有些粉丝找了许多区块链媒体、业内的大小 V 来为项目做推广。

如此看来，要想让一个年轻的区块链项目走向正轨与成熟，闭门造车是行不通的，无论是 Qtum 还是 U Network 都深知利用粉丝所能带来效应。说到底，区块链项目的去中心化特性，会使其对社区化的要求越来越高。

以上提到的这些区块链项目的共同点，为区块链项目开发者指明了道路，也为正在观望的投资者提供了可供参考的知识。区块链项目只要脱虚向实，有扎实理论根基、核心团队有经验、注重社群用户体验等优势，这样的项目一定不会太差。

11.2　靠谱的区块链项目需要筛选

目前，市场上的区块链项目非常多，那么新手到底该如何筛选这些项目才能不"踩雷"是需要思考的问题。

面对不胜枚举的区块链项目，很多新手投资者感到了迷茫和无从下手，下面就给读者详细介绍新手到底如何才能高质量地筛选出优质区块链项目。

11.2.1　从结构化数据入手

区块链本身就是一个互联网协议，因此它存在的基础就是数据。如果一个场景中没有结构化数据或者数据化结构的成本很高，则开发者就需要考虑它是否适合区块链项目了。

比如，现在有这么一个所谓的区块链项目，就是从种子到餐桌的供应链可追溯性，以及肥料测试。这样的项目没有办法做数据输入，也同样没有办法跟踪土地中肥料的使用量。这样的区块链项目是进行不下去的，所以投资者们在筛选可投资的区块链项目时，一定要先从分析结构化数据入手。

11.2.2　确认现有场景中的需求与适用性

区块链是一个可供信息验证或确认数据真实性的领域。所以，当开发者想要利用区块链技术设计开发一个新的项目时，在要应用的场景中确认是否存在强烈的真实需求成了测试一个项目是否值得跟进的必要因素。

举例来说，一个有关于学习的区块链项目，通过区块链技术可以跟踪学生评价与课堂情况。但开发运营团队需要考虑的是：关于这个学习项目，是否真的有需要用区块链技术来解决问题的需求；利用区块链解决教育市场的口碑传播问题是否会更高效；这个项目的开发与公众号等现有平台相比哪个更方便；对于学生而言他对老师的评价是否具有真实性等这些问题。

区块链是一种大规模的分布式数据库，一个项目的现有方案要想达成强烈的共识，就要求这个项目的所有信息节点通过分布式数据库进行记录。通过记录信息并在整个网络上广泛传播来确保数据的一致性。那么，在区块链项目的确认中，开发者就需要再测试该项目的广泛适用性。

以一个关于房屋租赁的项目为例。假如开发者要想利用 TOKEN（当用户第一次登录后，服务器端生成的一串字符，便于以后客户端再登录，也便于记载数据）技术搭建一个实现房屋销售和租赁分享的平台，该平台还可实时记录 TOKEN 的数量。但由于未来房屋数量将不断增加，租金也会越来越高，因此平台价值也越来越高。

坦率地说，这算是一个股权众筹项目。但是由于当前的区块链技术无法映射消费者真实的资产情况，所以房屋提供者的权益无法得到保障。在这种情况下，该平台就没有必要通过大规模的共识机制来支持这个项目，因为在共识节点下无法清楚地记录房屋提供者的份额。这种情况就说明了一些项目对于区块链技术的不适用性。

现有的区块链技术仍处于起步阶段，还不是"灵丹妙药"。如果在一个项目的应用场景中，该项目的进展程度与当前的交易速度非常不匹配，但使用区块链技术可以得到完美的解决，这才是筛选区块链项目适用性的关键因素。

11.2.3　关注网络效应与双边市场模型

网络效应在经济领域、公司战略发展领域有着人们意想不到的影响力。网络效应的出现，带动了诸如谷歌、微博、滴滴打车等这类互联网巨头的发展。这些公司的竞争战略随着互联网渗透到实体，对传统公司产生冲击。

网络效应用简单的语义理解就是，新用户越多就对老用户越有价值。如在地铁行业，如果一个城市只有一条地铁线，那么乘坐的人不一定多。但当多条地铁线能够互相连接在一起时，那么乘客自然就多了。

网络效应和双边市场模型理论都是指在一个项目中，不断增长的用户带给整个项目的利益与优势。区块链项目的核心价值之一是用户自身的网络连接，从比特币的发展中可以看出区块链的网络效应——每当一个新增地址的出现，都会给其他用户带来正向价值。

区块链虽然与互联网一样具备网络效应，但是它与传统互联网的网络架构完全不同。现在很多互联网产品都被平行映射到区块链上——区块链微信、区块链支付宝、区块链操作系统等。这些互联网大公司有比较优秀的前瞻性，区块链网络效应的优势如下。

1）区块链在去中心化、分布式数据存储与加密、不可篡改等方面具有优势。区块链在未来也许可以借助分布式数据存储，构建比互联网更为庞大的网络，引发更大网络效应。从比特币的发展中也能看到这种可能性。目前可供人们储存资产的平台有：支付宝平台、微信支付平台、各大商业银行等。这些平台之间虽然都可以相互转账交易，但是它们都是相互独立的中心化数据库，所以交易成本自然比较高。但是，比特币网络是分布式数据存储系统，在全球范围内的用户都可以在比特币网络中生成各自的地址，实现全球实时转账，交易成本更低，网络效应更大。

2）区块链数据私有化带来大数据外部效应。目前的互联网，几乎所有数据都存储在各平台的中心化数据库之中，用户不具有数据的知情权和使用权。但在区块链网络中，平台的数据归属于用户个人所有，用户掌握自己的数据。用户可授权数据使用，还可数据共享。这种私有化机制可以吸引更多用户使用区块链网络，以及保护好数据不丢失和不被侵犯。数据共享将会给区块链网络带来更多的网络效应。

不过与互联网相比，区块链网络更具有扩张的高风险性。由于区块链的网络效应也具有边界限制，会产生边际递减效用，因此区块链的网络效应还将面临以下三大挑战。

1）为了避免分叉，需要构建可持续的共识机制。当一个项目或平台的共识汇集时，用户自然也会越来越多；当共识流失时，用户也会随之流失。而随着区块链网络的不断扩张，共识会进一步分裂进而形成分叉。所以如何满足越来越多的用户的共识、构建可持续的共识机制，也是区块链项目的巨大挑战。共识机制决定了网络的边界，而边界则决定了区块链网络效应的范围。

2）如何才能做到更大范围的公平。在一个项目里，公平永远是相对的。当用户越多，绝对的公平就更难以实现。但只有更大范围的公平才能吸纳更多用户参与项目，才具有大网络效应。目前，公平性依然是各项目的痛点。

3）拜占庭容错（点对点通信中的基本问题）的范围问题。目前，比特币使用的就是拜占庭容错机制用于节点验证，并且只要 6 个节点验证就默认所有都验证了，这实际上并不够科学。拜占庭容错机制还很难在公链中发挥效用，也很难得到联盟链广泛的认可。在以后的区块链项目里，如果区块链网络无法通过拜占庭容错解决不诚信节点问题，那么区块链有效边界也将会受限于此。

从区块链与互联网的网络效应对比来看各有优劣。但在以后快速的科技发展中，区块链与互联网在网络效应层面将会不可避免地发生正面"冲突"，甚至可能会产生垄断式的竞争局面。所以当投资者在考察筛选一个区块链项目是否优质时，也要将网络效应因素当成重点考察对象，因为这将会是区块链能否对互联网产品构成替代的至关重要的因素。

11.2.4　尽职调查和实施路线图不能忽视

要想筛选出一个合格的区块链项目，最后要做的就是尽职调查。尽职调查是为了确认项目开发团队的实际专业能力和过去的表现。因为区块链项目毕竟是一个技术密集型项目，就像前文所提到的 Ontology 一样，一个优秀强大的项目背后，靠的是一个有丰富理论和实践经验的优秀技术团队。

对于不方便做尽职调查的用户，在市场上还有一个更为简单、通用的标准——在它的白皮书中，查看有没有合理的项目规划实施路线图。

但作为投资新手需要注意的是：目前市场上有很多所谓的白皮书，它们只是堆栈了许多的专业名词、技术术语等，或是只有一个简单的发展路线图清单。这样的项目有九成的概率是高风险且没有未来的。

所以，前文这些关键的要素分析结束后，总结来讲其核心就是一段话：区块链技术是未来互联网基础之一，甚至 AI 等高科技都需要建立在以区块链为核心的数据平台上；它很重要但也不是没有风险，它具有不可控的现实难度，所以当新手在想要涉足区块链的项目前应该做足功课，以减少不必要的损失。

11.3　面对区块链项目，公司应该做什么

近几年区块链项目逐渐成为各行业大小公司准备"进军"的领域。但面对这项新的技术，有些经济实力不够强大或者专业知识不够完备的

公司显得无从下手。

面对这样的局面，公司到底应该如何做呢？下面将以目前互联网巨头已经开发出来的产品来解析，为以后准备涉足区块链项目的公司提供一些参考。

11.3.1 抛开技术，分析市场产品现状

目前，去中心化的数据分布式存储技术存在巨大的潜在社会价值，无论是大平台还是小公司都争先想要在区块链市场分得一杯羹。但公司想要将自己的项目和区块链挂钩，一定要先抛开技术，来分析市场产品的现状，才能确保自己项目的设想在实施中不会与市场有太大的偏离。

要想分析市场现状，最主要的就是先分析目前行业领先的公司在区块链中的做法。

1. 网易星球

网易星球是一款基于区块链生态的价值共享平台，在现有的区块链产品里知名度较高，它主要营造的就是虚拟的高科技氛围。

用户也就是星球居民们通过邀请进入平台，然后在该生态基地中完成平台的初始促活的任务，并贡献行为数据以获取原力值，最终分得黑钻（该平台的虚拟货币），进而持续等待其升值与变现。

网易推出的这款产品一经上线，就通过"区块链+网易"的属性，采用每个用户最多使用五个邀请码的"饥饿营销"机制增加了产品稀缺性，实现了引爆点。平台的用户量也完成了从 0 到百万的跃迁。下面就分析一下网易星球的未来发展方向。

目前，网易星球只能算是网易公司内部的价值分享平台，用户通过使用网易公司内部的软件来完成数据的共享，从而获得原力值，再通过挖矿获得黑钻或是幸运钻的奖励。

在这个平台发展的过程中，后续应该会不断纳入各实用领域的 B 端

公司——金融、媒体、教育、医疗等。网易星球在这些公司与那些参与价值分享的贡献者中间充当一个去中心化的平台帮助它们匹配供需，并在链上完成交易，利用黑钻进行结算让数据信息的交易可以公平地进行。简单地说这仍旧是一个积分墙体系，所以网易星球既有优势也有劣势。

该平台发展的优势如下：

1）在网易星球中，黑钻奖励制度可以提供动力去促使用户下载和使用存在奖励的网易生态内部应用。

2）在网易生态机制中，黑钻的产量逐年减半，它的价值逐渐升高，这不仅可以激发用户去赚取黑钻的意愿，还可以使网易星球获得黑钻所提升的那部分价值。

3）由于网易星球是网易对于区块链产品以及技术的一次尝试，所以团队在技术上把网易星球用户当作一个数量巨大的测试用户，可以获取大量的战略资源以及数据，能帮助解决区块链高并发用户体验差的技术难题。

它的劣势如下：

1）不透明。该平台目前对于技术的陈述仅仅停留在应用内部的文字描述。既没有公布主链，代币地址也没有公开。这样的行为方式很不符合区块链世界项目的普遍做法。除了网易的中心化公司的背书外，就没有其他可以证明该产品的安全性与未来了。

2）生态构建未见成效。目前，在平台里获取黑钻的任务都是网易生态内部的产品推广，没有其他获取的方式。对于很多人来说，黑钻的角色就从可以进入交易所交易的数字货币变成了可以用积分兑换的生活用品等类似的实物。

网易星球到底能不能去掉中心背书的依赖，对决定黑钻能否成为数字货币有非常重要的影响。目前，黑钻被赋予的价值太少，仅仅是作为网易一部分内部生态中并且用处很有限的代币，对于个人用户来讲，个人数据共享的激励不足。所以网易星球发展得如何，很大权重取决于黑钻被赋予的价值以及有多少应用场景。

2. 蜂巢星球

蜂巢星球的主要做法与网易星球大同小异，也是通过完成任务获得蜜蜂，蜜蜂越多产生的蜂蜜越多。但不同的点有两个：一个是好友用户之间可以偷蜂蜜，互动性增强用户使用黏度；另一个是实名认证后形成的快速数字资产借贷平台，也是产品的核心功能。蜂巢页面是一个蜂巢形态的星球，与前面的产品相比，它的风格偏卡通。

蜂巢星球的落地功能有区块链游戏、数字货币钱包、区块链借条。它的注册用户将近百万，数字货币钱包用户超 20 万。并且在某次发布会中，蜂巢星球宣布将与投资人、社群用户、生态合作伙伴一起，共同构建数字资产金融生态，引入更多场景。例如，ETH 抵押借贷等，并进行全球化快速拓展。

蜂巢星球的亮点如下：

1）区块链信贷类项目 3.0。

2）全球化数字资产金融生态引领者。

3）去中心化的社群运营。

4）团队成熟，具有多年金融、互联网金融、大数据、AI 等实践经验。

5）已落地数字货币钱包功能，是目前为止唯一一个自带场景的数字资产钱包。

6）已落地区块链借条功能，并已成功为近万人提供区块链借条记录服务等。

蜂巢星球还有强大的技术架构。该项目基于以太坊底层技术进行开发，分为底层区块链层、协议层、平台服务层、应用展现层。协议层提供角色接入、用户数据管理等协议。平台服务层主要提供的各种功能模块，绝大部分以智能合约方式对应用展现层提供 API 界面。应用展现层包含 DApp 蜂巢星球和钱包，使用高新技术与平台服务层提供的界面对接，对用户提供 UI 界面。

蜂巢星球的定位是打造基于区块链的全球化数字资产金融生态体系。蜂巢星球 CEO 在采访中曾提到未来蜂巢星球的生态周边将围绕着财富管理机构、数字资产管理机构、小额借贷机构等为主。在他们团队看来，这些机构都将成为整个数字资产金融生态的共建者和利益共享者。

由此可以预见，随着蜂巢星球基础设施建设的不断完善，未来其数字资产金融生态周边合作伙伴陆续入驻后，蜂巢星球将成为区块链界的"蚂蚁金服"。

下面针对以上典例区块链产品做出总结：

首先，产品的氛围既科技，又温暖。区块链是相对专业的技术名词，科技感十足的画面可以让用户直观地感受到先进技术的深度。而温暖的风格则可以营造出让用户有归属感的氛围。

其次，产品机制需要贯彻品牌形象。既然利用的是区块链技术，必然离不开算力与虚拟代币。如何结合产品特点贯彻品牌形象的同时，运营团队还需要编写合乎情理的挖矿背景，以此来吸引更多的用户。

最后，交互行为不能太单一。若是在平台中，用户每天仅仅用完成任务、单击收取虚拟代币这样的单调操作，除去用户对其货币升值与变现存在一定期待外，这样的做法，用户留存率一定不会太高。

11.3.2 抽离核心目标，抓住缺口

当公司想要利用区块链技术开发新的项目时，调查分析完市场情况后，抽离核心目标，抓住缺口也是做好准备工作的关键。下面两点是目前区块链平台产品设计的共同之处。

1. 通用的业务流程

区块链平台产品分为三个阶段：用户获取、用户发展、虚拟资产的

流通。在发放平台邀请时，一定要遵循稀有原则，通过限制邀请次数为平台的登录设置一定门槛，强调先到先得。

用户成功进入该平台后，设定拉新任务和促活活动，提升平台的活跃度、扩大用户的传播范围以及促进生态间的相互导流，利用区块链技术采集用户数据，并返给用户虚拟代币的奖励。

接下来就是平台数据变现。平台活跃的同时为其他业态带来流量和转化，最终将用户行为数据变现。用户则利用碎片化的时间使用区块链产品，娱乐的同时也可将虚拟代币变现，获得实际价值。

2. 为普通用户设计

对区块链领域有深入研究的群体为数不多，更多互联网用户只闻其名不明其意。如何才能让普通用户对区块链产品产生黏性、促进平台实现传播与转化的价值值得很多公司去思考。

从历来火爆的游戏中提炼一些"玩法"进行参考。每一个产品都希望自己的产品周期很长，可以看出，以前甚至现在依然火爆的游戏都有共同点，那就是它们拥有完整的故事线和较强的扩展性。

但区块链产品毕竟不是纯粹的游戏平台，用户每天的活跃时长在一个小时左右较为合适。属于这个范围的游戏特点是上手快、看似简单实则不易过关、画面新颖独特，并通过社交平台可快速传播。

术业有专攻。希望区块链产品设计师在研究技术课题的项目时，可以从市场现状、业务流程、视觉传达等多方面分析如何为产品带来品牌或商业价值。同样希望以上内容能对一些公司和投资新手起到一定的作用。

第 12 章　To B 业务：全新的区块链创业机会

随着各项技术的不断发展，国内诞生了以 BAT（百度、阿里巴巴、腾讯）为代表的一大批技术型公司，这些公司有一个共同的特点，那就是 To C。而像滴滴、摩拜、今日头条、小米等近些年深受资本追捧的公司，所涉及的基本也都是 To C 业务。这主要是因为我国拥有众多的人口，C 端市场极大而且也较为容易开发。

但是近些年来，C 端市场涌现出太多巨头，高回报情景不容易再出现，很多公司为了效益而被迫转型。于是，通过技术手段提升运营效率的公司级服务重新回到人们的视野当中，To B 业务成为市场刚需。

在 B 端市场越来越火爆的影响下，区块链公司也开始将目光转向 To B 业务。但是因为 To B 业务的发展不是一蹴而就的，所以很多区块链公司走到半路就产生了放弃的念头。这样的做法其实并不明智，因为在 C 端开展业务会面临更大的风险，而且 To B 的商业价值非常大，会为区块链公司带来更多收入。

12.1　To B 与 To C 对比

最近几年，根据市场的需要，以销售为主的发展模式已经无法发挥太大效力，取而代之的是以产品和服务为主的发展模式。与此同时，专注于 To B 领域的投资机构和创业者也开始回归理性，国内 To B 生态展现出一片良好的景象。

在这种情况下，很多区块链公司已经感受到了 B 端市场的巨大潜力，但是对于如何拓展相关业务，这些区块链公司却不得其法。于是，有一部分区块链公司索性将在 C 端市场的运营策略生搬硬套到 B 端市场。殊不知，与 To C 相比，To B 有着截然不同的逻辑。

12.1.1　在 C 端开展业务，风险将越来越大

2008 年，区块链诞生；2020 年，区块链获得较好的发展，被应用于诸多行业和领域。作为新时代的风口，区块链与之前的风口有很大不同。具体来说，区块链有"早熟"的迹象，该技术是在理论知识和实践经验尚需要启蒙的情况下受到广泛关注的。乃至现在，都缺乏面向新手用户的"傻瓜式"区块链产品与服务。

之前，有些区块链公司为用户提供比特币，这些用户坐等着比特币可以升值。虽然现在比特币的价值确实有所提升，但是"挖矿"的成本也水涨船高。可以说，无论尚未被挖掘的比特币还有多少，这都已经不是普通的用户有能力能参与的"游戏"了。

在市场竞争越来越激烈的情况下，想"一夜暴富"的区块链公司开始"发币"，这其中充斥着太多不法分子，即"发币"之后就宣布破产或者扔下用户跑路。不法分子让整个区块链领域变得"乌烟瘴气"，也让用户变得谨小慎微，不敢随意投资。

如今，随着政策的规范和监管的加强，向 C 端发放比特币、以太币等数字货币的模式已不再适用，因为这样的模式已经无法为区块链公司带来效益和声望，而且稍有不慎就会被监管部门取缔。由此可见，区块链公司如果要在 C 端开展业务，将面临极大的风险。

除了"发币"以外，面向 C 端的收费区块链社群也有一定的风险。在收费区块链社群中，关于数字货币、智能合约、代投的各种争论甚嚣尘上，严重时甚至会出现"失控"的情况。因此，群主只能提前划清界限以将风险降到最低。

为了以相对稳妥的方式来建立区块链 IP，一些群主选择由传媒公司

在一线城市开展线下活动。这样的做法也让收费区块链社群迎来了发展的新高潮。但是，收费区块链社群以及前面提到的"发币"等 To C 业务，并不适合所有的创业者。因此，在基础设施尚未完善、区块链应用尚未"百花齐放"的情况下，获取 C 端的红利并不是一件简单的事情。

当区块链领域的淘金者不断增多时，针对淘金者的相关业务会率先发展起来。现在很多区块链公司都开始重视 To B 业务，例如，比特大陆、币安（Binance）交易所等。通过 To B 业务，这些区块链公司获得了丰厚的利润。这也在提醒区块链领域的后来者，不要把目光局限于 To C 业务上，而是要向前看。

12.1.2　To B 虽然慢热，但商业价值很大

据相关资料显示，在国内，To B 领域的公司比例大幅上升。这主要是因为 To C 领域已经出现了太多巨头，公司要想崭露头角真的不是那么容易。于是，面对着 To B 背后的大量创业机会，很多公司都将目光锁定在 To B 领域。

过去很长一段时间，国内的公司大多不重视 To B 领域，所以导致国内的 To B 领域发展较为缓慢。但近些年来，国内很多公司根据市场的需要，将发展模式由原来的重销售逐渐转变为现在的重产品和重服务上。与此同时，To B 领域的投资者和创业者也开始回归理性，国内 To B 市场生态整体趋好。

另外，从进化的角度看，To B 已经从 1.0 发展到 4.0。其中，To B 1.0 主要以资讯服务为核心，出现了"在线浏览，离线交易"的商业模式；To B 2.0 以电子商务和供需匹配为主要推动力，出现了在线支付和撮合交易；To B 3.0 促进了线上线下融合，综合服务成为主流；To B 4.0 实现了贸易效率的划时代增长，技术承担了大部分工作。

在上述进化过程中，技术型公司的具体特征也发生了变化。以现阶段的 To B 4.0 来说，技术型公司将展现出这些具体特征：大规模应用

物联网、云计算、区块链、人工智能、5G 等前沿技术；融合信息流、资金流，重视决策自动化；建立完善的数据支撑体系和共识机制；瞄准细分领域，满足小众需求等。当然，这些具体特征可以通过后面的案例得以验证。

从目前的情况来看，从事 B 端服务的技术型公司单个规模相对较小，To B 的普及似乎还需要一段时间。但不得不说，大部分公司已经意识到通过技术提升效率的重要性，这将进一步扩展了 To B 的增长空间，也让 To B 的顺利落地成为可能。

于是，以 BAT 为代表的科技巨头纷纷在 To B 领域布局；国外的投资机构也会由于国内 To B 市场的兴起和全球资产配置的需要而深入国内。也就是说，国内的创业者非常有可能得到大规模融资，To B 公司的整体价值也将会提升。

神策数据是一家为公司提供大数据分析平台的公司，其创始人桑文锋曾在百度的大数据部工作过 8 年。在创立公司的四年里，神策数据已拥有超过 500 家公司客户，其中不乏万达、小米、银联这样的大公司和明星公司，服务范围包括电商、互联网金融、证券、零售等多个领域。到目前为止，神策数据已经获得了超 4 亿元的投资。

兑吧是一家为公司提升运营效率的公司，据公开数据显示，2016—2018 年，兑吧的年复合增长率高达 372%，已实现规模化盈利，2018 年兑吧集团净利润达到 2.05 亿元。据艾瑞咨询发布的数据显示，目前兑吧客户运营 SaaS 平台上注册的移动 App 数目已超过 14000 个，已进入 To B 发展的快车道。

据相关数据显示，2019 年第一季度国内 To B 领域的融资达到了 145 起，除了 2 月受春节假期影响仅有 33 起外，1 月和 3 月融资次数分别达到了 55 起和 57 起，国内 To B 领域正处于稳定平和的发展阶段。其中，IT 基础设施、大数据和人工智能三个领域的融资次数位列前三，这说明新技术仍是 To B 领域的风口。

To B 和技术型公司的进化，再加上 BAT、神策数据、兑吧等一系列经典案例的诞生，都让人们有理由相信，To B 的商业价值已经被充分挖掘出来，To B 的普及在不久的将来就会实现。这不仅会变革传统的合作与交易方式，还会开启一个智能互信的新业态。

12.2　To B 业务的合理构想

目前，国内 To B 领域处于发展的初级阶段，还需要长时间的建立和巩固。但不可否认的是，To B 会使传统商业模式得到进一步改善。同时，良好的市场前景也为创业者提供了非常大的空间。本节立足于 To B 业务，从多个方面阐释区块链公司应该如何发展。

但是在此之前，需要了解 To B 市场到底有多大？对于想入局 To B 领域的区块链公司来说，货真价实的产品和细致入微的服务才是"王道"，才可以树立良好的口碑，进而在市场中占据一席之地。

12.2.1　区块链白皮书撰写大有可为

"撰写一个区块链白皮书需要多少钱？"这句话在区块链领域已经不再稀奇。当 To B 业务成为赚钱的"金钥匙"时，那可以提供区块链白皮书撰写业务的公司就是"金钥匙"的核心。可以说，区块链的火爆催生了一个全新的 To B 业务——区块链白皮书撰写。

那么，何谓白皮书？白皮书通常是政府发表的以白色封面装帧的文档，该文档讲究实事求是、立场明确、行文规范。而区块链白皮书则不同于政府发表的白皮书，前者更像是一个商业计划书，可以帮助公司进行融资。

一般来说，一本合格的区块链白皮书应该包括以下几方面的内容。

1）摘要。摘要是区块链白皮书的总结，可以让读者对区块链项目有大致的了解。例如，世界上第一本区块链白皮书的摘要就简明扼要地提出比特币要解决的两个问题，该白皮书之后的内容都是围绕这两个问题展开的。

2）区块链项目解读。尽可能多地介绍区块链项目，阐述其在市场中的位置以及发展现状，并对其未来走向进行预测。

3）资金使用计划。介绍完成区块链项目所需要的资金以及资金的去向。需要注意的是：在区块链白皮书中，必须清楚地说明所有资金都将用于开发和研究。

4）开发路线图。在理想状态下，区块链白皮书中应该有未来 12～24 个月的工作计划，同时还要展示区块链项目的测试版本，以及已经完成的任务。

5）团队介绍。有经验的团队可以促进区块链项目的成功，决定区块链项目的发展方向。在区块链白皮书中，不仅要介绍区块链项目背后的团队，还要解释团队的作用和分工。

除了上述几方面的内容以外，区块链白皮书的风格、语言和布局也非常重要。首先，要使用正式的、专业的、带有学术色彩的风格进行撰写；其次，区块链白皮书中不能出现语法错误和拼写错误，要充分保证其准确性；最后，布局要合理、有序，至少看起来得舒服。

如今，很多公司已经推出了区块链白皮书撰写业务，而且也获得了不错的盈利。另外，这些公司还可以进行海外广告投放业务。有些人认为区块链白皮书撰写非常复杂，其实如果掌握了标准模板和方法技巧，这项工作将变得简单。

对于想入局区块链白皮书撰写的公司来说，提升自身实力、掌握市场现状和行业趋势非常重要。当然，为了提升区块链白皮书的质量，公司还应该聘请一些了解区块链技术的专业人士，并配置足够的媒体资源与流量矩阵。

由于区块链白皮书中的内容和信息必须真实、无误，所以公司要与客户保持密切联系，让客户参与到整个过程中。如果公司不和客户沟通，只一味地为了提升区块链白皮书的吸引力而夸大事实，那么最后势必会损害自己的形象和信誉。

在价格方面，不同的公司一般会制定不同的价格。就目前的情况来看，区块链白皮书的价格基本上是根据实际需求和客户提供的数据制定的。另外，篇幅长度、内容的详细程度、是否需要多语言翻译和路演PPT 等因素也会影响区块链白皮书的价格。

在完成区块链白皮书撰写之后，还应该将其推广出去。如今，大多数公司选择在自己的网站上发布区块链白皮书。还有一部分公司会把区块链白皮书发布在财经类平台上，例如，GitHub（一个面向开源及私有软件项目的托管平台）、百度论坛、知乎、百度文库等。

成功的区块链项目离不开优秀的区块链白皮书，一份区块链白皮书可以传递很多有价值的信息，这些信息是投资机构进行决策的依据。既然有些公司想通过区块链白皮书赚钱，那就必须拿出实力，细细打磨，为客户呈现出一个具有吸引力的区块链项目。

12.2.2　区块链细分媒体及自媒体

近几年，自媒体可谓是获得了爆发式发展，它们主打的就是"内容为王""热点优先"。因此，对于区块链这一处在风口上的技术，自媒体当然会纷至沓来。现在有很多人对区块链感兴趣，却苦于没有途径去深入了解该技术，这就为自媒体的发展提供了很好的机会。

于是，很多对区块链、比特币、数字资产、智能合约等比较熟悉的自媒体就开始投身于这个领域。据统计，早在 2018 年前后，也就是区块链刚刚火爆起来的时候，就已经出现了大量的区块链自媒体。其中的一些区块链自媒体甚至在创建之初就获得了金额巨大的天使轮融资，具体见表 12-1。

表 12-1　获得天使轮融资的区块链自媒体

时　间	地　点	区块链自媒体	天使轮融资金额
2018 年 2 月 1 日	成都	中欧区块链观察	100 万人民币
2018 年 2 月 14 日	深圳	虎儿财经	数千万人民币（具体未知）

（续）

时　间	地　点	区块链自媒体	天使轮融资金额
2018 年 2 月 27 日	北京	深链财经	1000 万人民币
2018 年 3 月 1 日	厦门	区块之家	300 万人民币
2018 年 3 月 2 日	杭州	巴比特	1.3 亿人民币
2018 年 3 月 2 日	北京	金钱报	3000 万人民币
2018 年 3 月 6 日	海南	火星财经	估计 1.5 亿人民币

从地域上来看，获得天使轮融资的区块链自媒体并不集中于北京、深圳等一线城市，而是分散在杭州、厦门、成都等其他城市。由此可以推断，当时的区块链自媒体尚且蔓延至多个城市，那现在其波及范围肯定更加广泛。

在这样的趋势下，越来越多的区块链自媒体将会诞生，整个行业的盈利情况也会更可观。例如，"数字货币趋势狂人"（知名的区块链自媒体）在创建之初只是一个金融信息自媒体，但是自从其开始推送数字货币交易行情之后就实现了逆袭，一方面，阅读量增加了 10 倍左右；另一方面，新榜指数排名也有了大幅度上升。

此外，盈利也是区块链自媒体看重的一部分。据相关调查显示，一个公司创建了关于区块链的微信公众号之后，不到 1 个月的时间就吸引了 6 个投资机构，而该公司的创始人也获得了丰厚的盈利。

百度指数上的数据显示，与人工智能相比，区块链的热度要高很多，现在已经成为最受关注的技术。此外，数据还显示，区块链的热度始终高开高走，甚至超过了当红明星。在这样的热度下，鞭牛士、钛媒体、36 氪、雷锋网、人民网等传统媒体也开始进行关于区块链的报道。

有调查机构统计过，比较知名的区块链自媒体每个月的盈利可以达到 2000 万元或者 3000 万元。即使现在有所回落，也还是可以保持在 1500 万元左右。这些区块链自媒体的盈利主要来源于有偿报道。例如，某区块链自媒体发表一篇文章可以获得 1 万元的报酬，如果发表的文章质量好、数量多，那还可以获得投资机构的巨额投资。

在过去，市场上绝大部分媒体都是泛领域媒体，这些媒体的关注面通常会比较大。而区块链自媒体的发展则说明，更加垂直、关注面更小的细分媒体将崛起，并成为时代的新宠。

当然，现在也出现了与之相反的观点，即媒体不是越细分越好。有些专家认为，不能为了细分而细分，细分就意味着圈层更小，关注度更低，甚至会影响媒体的扩大和发展。而且细分媒体具有比较强的依附性，只有当所关注的领域成为风口，才有机会得到资本的支持和认可。

其实上述两种观点都有一定的道理。无论是细分媒体还是区块链自媒体都是获得盈利的方式，读者可以根据自身需求自由选择。当然，如果你有足够的时间、精力和资源，也可以围绕着区块链做扩展，即创建以区块链为核心的泛领域媒体。

12.2.3　投资区块链的天使、VC 及母基金

随着融资渠道的减少以及发展空间的狭窄，区块链成为很多公司的"救命稻草"。然而，如何发行数字货币、如何对区块链项目进行估值、如何获得融资等问题都离不开专业人士和机构的指导。一般来说，当该领域有适当的"泡沫"时，创业者才会不断涌入、资金的流动性也才会大幅度提升，毫无疑问，区块链就是这样一个领域。

之前，天使投资人的主要作用是对区块链项目进行预判和鉴别，但是现在市场上鱼龙混杂，投资到好的区块链项目只是小概率事件。这时，就需要真正懂行的专业人士和机构参与。

不过目前的 VC 大多以 TMT（Technology-Media-Telecom，技术-媒体-通信）为主，很少会专注于区块链项目；而垂直 VC 在决策上的命中率会更高，同时也可以提供更完善的投后管理和服务。实际上，垂直 VC 就相当于孵化工厂，只要命中一到两个区块链项目就可以"坐收渔翁之利"，掌握竞争的主动权。

另外，一些专注于孵化区块链项目的母基金（FOF），现在也开始出现，而且它们更倾向于投资 To B 业务。因为 To B 业务不需要花太多

钱，商业模式也非常清晰，还具有比较高的技术含量。更重要的是，与 To C 业务相比，To B 业务的估值通常要高很多。

本节所提到的三种关于区块链的 To B 业务可以给读者一些启示，但是盈利的方式绝对不仅限于此。对于找不到方向，不知道应该如何入局的创业者来说，这些 To B 业务比较好上手，但是最终是否可以实现最大盈利，则取决于对区块链领域的把握和自身的实力。

第 13 章　区块链落地：争议与机遇共存

区块链的发展会经历以下几个阶段：开发和探索阶段（2015 年）；初级发展阶段（2016—2017 年），在这一阶段，区块链的资产配置价值被银行发现，与此同时，银行也意识到监管规则的重要性；中级发展阶段（2018—2024 年），在这一阶段，监管措施、新服务、供应商都开始出现；成熟发展阶段（2025 年），在这一阶段，区块链已经成为主流，并且可以很好地与资本市场体系相融合。

每经历一个阶段就意味着区块链距离落地更近一步。但是不得不说，在落地的过程中，区块链面临着不小的争议。当然，事物都是具有两面性的，既然有争议，就会有机遇。本章就来分析一下区块链的争议与机遇，看究竟是哪一方占据了上风。

13.1　有关区块链的市场痛点和三大争议

对现阶段而言，区块链在国内的应用还没有真正取得胜利，其中比较成功的只有"公益寻人链""商品溯源平台""版权认证与追踪"等案例。究其原因在于，区块链的新型理念存在一些市场痛点，而且还带来了不小的争议，包括市场上是真区块链还是伪区块链、共识机制会不会带来羊群效应、将信息公开是否会损害商家的利益等。

13.1.1　市场痛点

区块链的发展受阻，在很大程度上在于区块链在发展过程中存在一些市场痛点。

1. 缺乏创新

当前，在科技领域出现了一个普遍的现象，那就是"为了区块链而区块链"。之所以出现这种现象，在于"区块链"一词不仅自带流量，还给人一种"高深莫测"的感觉。之前曾有一个非常火热的某区块链云计算平台，该平台自称是利用自主研发的新型技术，实现全新的、基于区块链技术的云计算服务与工作量计算模式。但是业内专业人士在对其工作模式进行深入的分析后发现，该平台的工作模式没有利用区块链技术真正实现云计算平台运行逻辑，也没有在商业模式上有新的突破。

2. 急功近利，好高骛远

发布数字货币，然后通过公募、私募获得资金是非常常见的行为，但随着投资人对数字货币的泡沫风险警惕意识不断提升，单纯地发布"空气币"即能赚得"盆满钵满"已经不现实。为此，许多企业就打着"区块链创新应用"的旗号，推出一个"金玉其外，败絮其中"的所谓创新应用平台，但实质上核心目的还是通过各种手段敛财。

针对上述区块链应用市场痛点，WGGS 孵化基石在深入市场调查与进行大量的区块链应用项目对比后，确定了以下的痛点解决思路。

（1）提高用户使用频次

WGGS 孵化基石认为，区块链技术虽然是新兴技术，但是应当被打造成为一种有高频需求的技术范式，而不是某种只是作为噱头的花架子，只有为用户构建了区块链技术高频使用场景，才能够让用户在不断地使用、接触中亲身感受到区块链技术的魅力，进而愿意去尝试更多的功能、相信平台数字货币的价值乃至愿意提供投资。而如现在市场上绝大多数的区块链平台般将"区块链"当成幌子，实质上却还是普通运营模式的做法，终究无法逃过用户，尤其是投资人的眼睛。

而什么需求是高频的呢？毫无疑问：社交，尤其是实时通信。实时通信是任何消费者都有着持续与高频次的需求的，因此通过区块链技术革新实时通信，并以此为切入点实现市场的打开。这也将成为 WGGS 孵化基石最重要的市场开发战略。

（2）构建良好的经济模型

任何的商业项目都是以获得盈利为最终目的的，可惜的是目前很多区块链平台都是以数字货币或者其他的名目为幌子，"捞一笔"就走，毫无可持续性，甚至很可能会面临法律纠纷。如有些区块链游戏平台就是典型的"一锤子买卖"。而 WGGS 孵化基石认为，任何成功的商业模式都应该是可持续性的。

由于区块链的多种优异性能，区块链技术是有能力帮助社会去实现商业模式乃至信用模式上的革新的。因此，要充分发挥区块链技术的潜力，就有必要深挖企业级市场的潜在需求，通过对供给端的改革来带动消费端体验的提升，进而从底层开始构建全新的高效经济模型。

13.1.2　市场上是真区块链还是伪区块链

在区块链受到广泛关注的初期，很多公司都借着区块链的热度进行炒作，以便提升自己的市场竞争力和知名度。例如，Long Island Iced Tea Corp（长岛冰茶集团）曾经因为市值过低，险些被纳斯达克强制摘牌。为了渡过难关，长岛冰茶集团更名为 Long Blockchain Corp（长岛区块链集团），并根据自身情况对业务进行了分离。

随后，长岛区块链集团的股价一路飙升，市值也有了大幅度增长，所以也没有被纳斯达克强制摘牌。但是好景不长，飙升和增长了一段时间之后，其股价和市值又开始暴跌。在这种情况下，长岛区块链集团的关注度迅速下降，最终还是落了个被摘牌的结果。

在最开始时，人们虽然对区块链比较敏感，但是他们其中的绝大多数都对这个概念存在一定的认知局限和认知误区。于是，不断出现的伪区块链极大降低了人们对区块链市场的容忍度，而当真区块链诞生之后，人们不得不耗费心力去对其进行判断和分辨。

然而，因为遭受过伪区块链带来的损失，人们甚至会对真区块链也失去兴趣。在这种无法得到足够认可和支持的情况下，区块链的发展肯定会受到非常大的限制。那么，现在市场上是真区块链还是伪区块链呢？这个问题没有确切答案，可能两种区块链都有。

例如，有些项目表面上看有区块链的影子，实际上却是推广和宣传自家产品的手段，这些项目就是伪区块链。

随着区块链的"爆发"，各类项目会像雨后春笋般不断涌现，其真伪非常不容易分辨。因此，对于想入局区块链领域的人们来说，任何时候都要保持冷静的头脑，不要总想着一夜暴富、天降横财，这毕竟是不太现实的事情。

此外，不要盲目地去做代币业务，这里面充斥着太多的风险，而且很有可能让自己的钱"打了水漂"。现在比较安全的做法是，紧跟国家的政策，对区块链的项目以及主体进行全面核查，把风险降到最低。

13.1.3 共识机制会不会带来"羊群效应"

对于区块链而言，共识机制是一个具有核心作用的存在。简单来说，共识机制是区块链中的一种算法，借助这种算法，用户可以在某一特定时间内对数据的前后顺序达成共识。因此，共识机制可以帮助区块链验证数据真实性和有效性，从而保证数据的公开、透明。

但是就目前的情况来看，人与人之间的差异化越来越明显，要想在这样的差异化上建立区块链数据库，还需要一段时间的市场培育。

首先，在现在的市场上，很多人都有"羊群效应"，即别人干什么，他就要干什么。以百度百科为例，该平台虽然受到了很多人的欢迎，但是上面的信息和内容是否真实，是否足够权威，都是有待商榷的。

其次，互联网的发展加深了人与人之间的差异化。在小规模信息征集的过程中，这种差异化很容易滋生恶意支持，进而对市场环境的信息链产生非常严重的影响。

最后，如果某些具有权威性的机构遭受到恶意反对，那么这些机构发布的信息也会受到影响，最后根本无法出现在区块链中。

区块链已经经历了多年的市场考验，所以即使共识机制会在一定程度上带来羊群效应，那通过有力的监管也还是可以将其影响降到最低。此外，要想让共识机制下的区块链发挥更大的作用，还需要各方团结在一起去寻找新的突破口。

13.1.4 将信息公开是否会损害商家的利益

现在，区块链已经成为极受追捧的风口，这个风口无疑是壮丽而诱人的，可以满足信息社会的很多需求。对于信息社会来说，信息非常重要，而作为一项去中心化的技术，区块链可以对信息产生深远影响。例如，变革信息查询，如图 13-1 所示。

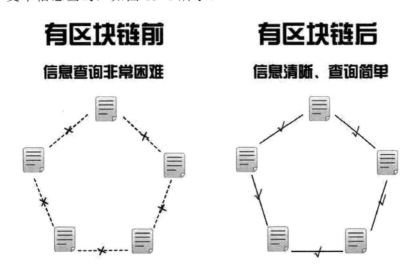

图 13-1 有区块链前的信息查询 VS 有区块链后的信息查询

区块链让信息公开，也让信息查询变得更简单，这时就会出现一个问题，将信息公开会不会损害商家的利益？ 区块链的核心是去中心化，在去中心化的市场中，交易流程和信任体系都被放到了区块链上，商家和消费者的效率都有所提高。

区块链可以提供与商品有关的信息，例如，商品的来源、原料、加工过程等，这些信息可以随时被商家和消费者查询。在此基础上，商家和消费者之间将建立起信任关系，并实现信息的交换和共享。此外，其他商家的信息也会记录和储存在区块链上，以供大家查询。从这个角度来看，区块链让商家获得了之前无法获得的信息，可以促进其发展。

不过，有些商家的收入比较微薄，如果让这些商家公开信息，恐怕不是一件简单的事情。而且要是这些商家为了保护自己，而将某项成本幕后化，那还会对区块链生态产生影响。此外，将某项成本幕后化虽然可以提升商家的收入，但是如果商品在流通过程中出现问题，又会使区块链的效果和安全性受到质疑，从而打击消费者的消费积极性。

对自己有利的信息，商家肯定愿意记录在区块链上，而对自己不利的信息，商家则会尽可能不让其出现在区块链上。也就是说，区块链上的信息很可能都是正面的。对于消费者来说，这样的信息价值并不是很大，通常仅作为参考使用，难以对消费决策产生过大影响。

以上三大争议，虽然没有涉及太多的领域和方向，但还是比较有代表性的。当然，在区块链不断发展的趋势下，还有更多具象和细致的争议值得被提出来并讨论。这种在事情发生之初就做好充分准备、进行全面考虑的举动，是比较保险的。

区块链在发展过程中，已经形成了符合时代要求的生存方式。不过，打着区块链旗号的伪区块链、共识机制下的羊群效应、对信息公开程度的把握还是会对区块链产生影响。为了消除影响，这些问题必须尽快解决，而这也应该成为区块链公司的发力点和前进方向。

13.2　区块链公司的生存之道

有的人认为，区块链公司是空中楼阁，并没有什么实际作用。但是就目前的情况来看，口碑良好、运营稳健、发展迅速的区块链公司也不在少数。这些区块链公司是区块链领域的先行者，早早就在市场上获得了广泛的支持和认可。

最近几年，一些老牌的投资机构开始关注区块链公司，并为区块链公司提供资金和资源。因此，表现出色的区块链公司获得"大丰收"，生存状况也有了极大改善。那么，区块链公司如何才能吸引投资机构的关注呢？本节就来解答这个问题。

13.2.1　准确定位——从货币到投资

对于区块链公司来说，定位可以使自己和其他区块链公司区别开来，从激烈的竞争和同质化的趋势中脱颖而出，并在用户心中占据一定的位置。另外，定位还可以引导区块链公司占领和扩展市场，使其在区块链的热潮中获得更加丰厚的收益。

那么，区块链公司应该如何定位呢？下面就来分析一下 Coinbase（美国的一家区块链公司）的定位秘诀。目前，Coinbase 的业务主要包括交易代理业务、数字资产交易业务、数字资产监管业务等，这些业务已经覆盖世界上 30 多个国家。

在公司建立初期，Coinbase 将自己定位为数字货币钱包和数字货币交易平台，致力于为商家和消费者之间的数字货币交易保驾护航。当时，Coinbase 仅仅被视为一种替代性支付系统，但是现在已经被视为很好的投资机会和实现价值储存的工具。

Coinbase 获得了不错的发展，不过因为其核心是比特币，而比特币还没有像预期的那样实现广泛应用。在意识到这一点之后，Coinbase 迅速改变定位，调整自己的业务和宣传方向。于是，Coinbase 的宣传标语由"欢迎来到数字货币的世界"转变为"欢迎进行数字货币交易"。

对于 Coinbase 这样的区块链公司而言，选择合适的定位意义十分重大。因为 Coinbase 的盈利来源主要是数字货币交易的佣金，鼓励用户进行数字货币交易，自然可以保证其生存，使其获得良好的发展和盈利。

现在 Coinbase 的用户越来越多，这也从侧面反映出鼓励用户进行数字货币交易的做法是没有问题的。在未来，随着业务的日趋成熟和知名度的提升，Coinbase 的用户还会继续增加，数字货币交易额也还会有一定程度的上涨。

通过 Coinbase 的案例可以知道，一个准确的定位可以引导出既简单又易懂的标语，例如，"欢迎进行数字货币交易"等。另外，在区块链领域，定位不是一成不变的，而是需要根据市场形势和业务情况不断调整，以适应当前这个瞬息万变的时代。

13.2.2　和政府、监管部门建立互信关系

作为新兴的事物，区块链和数字货币自诞生以来就一直饱受争议，所以也成为政府和监管部门关注的对象。为了在市场中正常运行，区块链公司有必要取得政府、监管部门的支持，并与其建立密切的互信关系。

在这一方面，Coinbase 做得比较不错。首先，Coinbase 依法申请并获得了纽约的数字货币许可证；其次，美国金融犯罪执法网也承认了Coinbase 的地位，允许其进行数字货币相关业务；最后，Coinbase 严格遵守美国的《银行保密法案》《爱国者法案》等政策的规定。

由此可见，Coinbase 是一个遵纪守法的区块链公司，这有利于加深其与美国政府、监管部门之间的互信关系。在这样的互信关系下，Coinbase 的风险可以降到最低，用户以及为 Coinbase 投资的投资机构也更加放心。

另外，Coinbase 还严格按照 KYC 规则（Know-Your-Customer 规则，"了解你的用户"规则）和反洗钱政策做事。一方面，Coinbase 会对用户的身份进行认定，并核实用户的信用情况；另一方面，Coinbase

会全程追踪数字货币的交易往来。

虽然 Coinbase 十分强调合规与合法，但是面对着美国政府、监管部门提出的无理要求，它也不会盲目顺从。例如，美国税务局曾经以调查逃税为由，要求 Coinbase 提交用户的交易数据，但是遭到了 Coinbase 的拒绝。在法庭上，Coinbase 赢得了部分胜利，最后只需要向美国税务局提交一部分用户的交易数据即可。

对于 Coinbase 这种十分注重用户隐私的区块链公司而言，这个结果并不是最好的。但是幸运的是，Coinbase 仍然保护了绝大多数用户的交易数据，而且也没有与美国税务局闹得太僵，双方的关系没有受到过于严重的影响。

13.2.3　强大与多样化的股东支持

区块链公司要想生存得好，就离不开资金和资源，而能够提供资金和资源的就是股东。一般来说，股东的实力越强大，种类越丰富，就越能推动区块链公司的发展。还以 Coinbase 为例，自成立以来，该区块链公司的股东就一直在增加。

Coinbase 的创始人 Brian Armstrong（布莱恩·阿姆斯特朗），在他的努力下，Coinbase 获得了来自 Y Combinator（美国知名创业孵化器）的首轮融资。随后，Coinbase 又获得了由 Union Square Ventures（美国的一家风险投资机构）、Andreessen Horowitz（硅谷风险投资机构）等领投的共计 2.17 亿美元的资金。除此以外，USAA（美国金融服务集团）、纽约证券交易所等行业巨头也参与到 Coinbase 的融资中。

Coinbase 不仅吸引了美国的股东，还获得了其他国家投资者的青睐，例如，三菱银行（日本最大的商业银行）、NTT DoCoMo（日本的一家电信公司）等。

在区块链投资热潮中，多样化的股东使 Coinbase 的综合实力不断攀升，这些股东为其发展增添了不少动力。但是与此同时，Coinbase 的竞争对手也获得了资本的支持，这在无形中加大了 Coinbase 的压力，使 Coinbase 的市场地位遭到了一定威胁。

Coinbase 的竞争对手主要是一些提供数字货币兑换服务的交易所，例如，Bitfinex、Bitstamp、Kraken、bitFlyer 等。另外，以 Robinhood 为代表的传统证券经纪商也开始涉足数字货币业务，这让 Coinbase 的发展受到了更大的冲击。

虽然竞争对手为 Coinbase 带来了压力，但是根据 Coinbase 的盈利情况和用户规模可以预测，其市场价值依然会有大幅度提升。而且为了降低竞争的风险、弱化市场的不确定性、构建强大的壁垒，Coinbase 还在扩展业务，优化数字货币交易。借助 Coinbase Wallet（数字货币钱包），Coinbase 也探索出关于区块链的更多应用可能。

在区块链和数字货币的发展还没有到达顶峰之前，Coinbase 牢牢把握住了用户和投资机构希望迅速获得丰厚盈利的心理，并在此基础上明确自己的定位、正视自己的发展现状。对于广大区块链的爱好者和从业者来说，这样的做法非常值得学习和借鉴。

13.2.4　把安全放在第一位

区块链的一个核心作用就是保障安全，所以区块链公司必须把安全放在第一位。Coinbase 之所以会如此受欢迎的一个重要原因就在于，它付出了很多努力去保障用户及其隐私的安全。与其他区块链公司相比，Coinbase 很少会发生资金失窃、黑客入侵、网络诈骗等安全问题。

可以说，安全始终是 Coinbase 强调的重中之重。为了达成这一目标，Coinbase 实施了线上线下齐发力的举措。在线上，Coinbase 将用户的数字货币和加密资产储存在"冷藏库"里面；在线下，Coinbase 与劳埃德（伦敦的一家保险公司）达成合作，充分保证用户的安全。

当然，用户也必须要保管好自己的密码，如果用户因为密码泄露而遭受损失，那么 Coinbase 是不会为这个损失承担任何责任的。

除了安全以外，Coinbase 也十分注重简洁。例如，Coinbase 的网站就设计得十分简洁、实用，非常适合数字货币的投资者。而且由于效果十分显著，Coinbase 的网站设计也被其他区块链公司模仿和借鉴。

其实不单单是网站，Coinbase 的 App 也特别简洁，甚至一度登上 App Store（苹果手机的专属应用商店）下载量榜首。从这一点来看，在数字货币交易领域，Coinbase 可谓是名副其实的佼佼者，受到了很多用户的喜爱。

综上所述，Coinbase 为区块链公司的生存和发展提供了模板。在没有其他更好的选择的情况下，那些欠缺经验的区块链公司，则可以效仿 Coinbase 的做法。

13.3 如何成为区块链领域中的成功者

作为新时代的产物，区块链虽然颇具争议，但是未来势必会成为一个巨大的风口。迎着这个巨大的风口，越来越多的区块链公司将会出现，这些区块链公司要想发挥作用，成为区块链领域的成功者，就必须要掌握一定的技巧，例如，建设价值枢纽、招揽和培育技术型人才等。

区块链具有强大的发展潜力，这一点毋庸置疑。但是即便如此，大家也还是要在审视实际情况的基础上，谨慎评估和判断区块链的真正价值，切不可盲目跟风。

13.3.1 建设价值枢纽

目前，区块链的去中心化应该是相对的去中心化，而非绝对的去中心化。如果通过数字货币来看区块链，虽然缺乏占据核心地位的区块链公司去引导或者影响市场，但是数字货币（这里特指比特币）却成为一个价值枢纽，可以为 B 端和 C 端的用户带来丰厚的收益。由此来看，对于想要成功的区块链公司来说，建设一个价值枢纽非常关键。

以游戏为例，区块链让游戏发生了巨大变革，即从"被动"转向"主动"。网易星球和元链星系等基于区块链开发的游戏为整个行业提供了新的思路。这些游戏以社区为核心，为用户建设了一个价值枢纽，而且将加入社区和退出社区的决策权放到了用户手中。

另外，用户投入到游戏中的资产，也不会因为游戏公司的倒闭而化为乌有。对于用户来说，这是一个长远的生意，并且可以牢牢把握主动权。例如，元链星系的用户可以通过非常简单的方式，包括，累积步数、获得好友点赞、完成知识问答等获得数字资产。

随着反响度的进一步提升，元链星系的用户会不断增多，用户手中的数字资产也变得更有价值。这样的模式会变革传统的游戏模式，用户也因此获得了两种身份：一种是游戏的投资者，还有一种是利益的分享者。

现在，认为区块链是泡沫的大有人在，尤其在高仿玩法、投机形式对整个市场产生重大影响时，这样的想法就更加严重。不过区块链公司还是可以像元链星系那样，以数字资产为价值枢纽，将用户连接在一起，从而使自己的竞争力得到提升。

13.3.2　招揽和培育技术型人才

据相关数据显示，近几年，市场对区块链人才的需求正在变得越来越强烈，而现实的情况则是，区块链人才总量比较少，仅相当于人工智能人才总量的 2%左右。对于区块链公司来说，赢得竞争的关键之一在于不断提升技术水平、招揽和培育更多技术型人才。只有这样，区块链公司才可以牢牢抓住市场，为市场提供技术支持，进而使区块链应用得到进一步扩展。

如今，区块链公司对区块链人才的拼抢已经十分激烈，为了招揽更多的区块链人才，区块链公司并不吝惜为他们提供百万甚至千万的年薪。但是不得不说，在区块链成为行业标配的同时，区块链人才也变得可遇不可求。

现在市场上共有三种类型的区块链人才。

首先，高级区块链人才。他们可以自己做区块链框架和前沿性研究，在全球范围内，这种类型的区块链人才都是非常稀缺的。

其次，中级区块链人才。他们也许不可以自己做区块链框架，但是可以在比较流行的区块链框架上完成适配和改进，并对区块链项目进行定制化调整。随着培育体系的不断完善，这类区块链人才的数量有了一定程度的增多。

最后，低级区块链人才。他们只可以在已有区块链框架的基础上进行参数调整，这类区块链人才的数量比较多。而且即使是从来没做过与区块链相关工作的人，通过培训也可以完成这样的工作。

在上述三种类型的区块链人才中，高级区块链人才是当前最稀缺的，同时也是最具价值的。因为他们可以帮助区块链公司解决根本性问题，并推动区块链的不断完善和进步。因此，对于区块链公司来说，最应该做的事情就是招揽和培育更多高级区块链人才，这虽然会花费一定的成本，但获得的回报也将十分可观。

13.3.3　量力而为，切勿盲目投入

当大量的投资机构将目光从人工智能转向区块链以后，区块链的风口也不断扩大，涌现出了一大批新的区块链公司。但是通过共享经济的发展可以预测，在这些新的区块链公司中，成功者将会是少数，甚至极少数。

在区块链风口下，区块链公司应该对自己的综合实力和市场资源进行考量，而投资机构则应该对区块链项目的真伪进行辨别。现在，虽然区块链项目呈现出"满天飞"的状态，但是其中有很多是打着区块链的旗号去做其他的事情，例如，宣传产品、提升市值和股价等。

当区块链越来越火爆，开始受到大量资本的追捧时，国内外的创业者都准备大干一场，希望从中获利。这些创业者建立区块链公司、开发

区块链项目、对数字货币进行深入研究等，总之，只要是和区块链相关的业务，他们都想尝试一下。

但是不得不承认，现在有很多创业者仅仅是因为看到区块链在某些领域取得的显著效果就决定入局。实际上，在鱼龙混杂的区块链领域中，这些急切涌入、心浮气躁的创业者很难取得成功。因此，在决定入局之前，大家一定要考虑自己的能力，不能盲目跟风，否则只能成为区块链领域大浪淘沙后的失败者。